Diese Mitteilungen setzen eine von Erich Regener begründete Reihe fort, deren Hefte auf der vorletzten Seite genannt sind.

Bis Heft 19 wurden die Mitteilungen herausgegeben von J. Bartels und W. Dieminger. Von Heft 20 an zeichnen W. Dieminger, A. Ehmert und G. Pfotzer als Herausgeber.

Das Max-Planck-Institut für Aeronomie vereinigt zwei Institute, das Institut für Stratosphärenphysik und das Institut für Ionosphärenphysik.

Ein **(S)** oder **(I)** beim Titel deutet an, aus welchem Institut die Arbeit stammt.

Anschrift der beiden Institute:

3411 Lindau

ÜBER DIE EIGENSCHAFTEN VON
ZÄHLROHREN UND IONISATIONSKAMMERN
IN VERSCHIEDENARTIGEN STRAHLUNGSFELDERN

von

ERHARD KEPPLER

ISBN 978-3-540-03360-8 ISBN 978-3-662-30443-3 (eBook)
DOI 10.1007/978-3-662-30443-3

Inhaltsverzeichnis

I. Über die Eigenschaften von Zählrohren und Ionisationskammern in verschiedenartigen Strahlungsfeldern

1. Einleitung .... S. 5
2. Beschreibung der Ballonsonde 5
3. Geometriefaktoren 7
   3.1 Zählrohr (vertikaler Zylinder) 8
   3.2 Teleskop 9
   3.3 Ionisationskammer 10
4. Empfindlichkeiten 10
   4.1 Geladene Teilchen 10
   4.2 Photonen 11
      4.21 Zählrohr 12
      4.22 Ionisationskammer 13
      4.23 Zählrohrteleskop 16
5. Zählratenverhältnisse 16
   5.1 Zählrohr und Teleskop 16
   5.2 Zählrohr und Ionisationskammer 17
6. Aussagen über spektrale Eigenschaften bei Protonen 18
   6.1 Bestimmung des Energiespektrums aus einer Reichweitemessung 18
   6.2 Näherungsweise Bestimmung des Energiespektrums aus der spezifischen Ionisation   19
7. Die Normierung der Detektoren 20
   7.1 Zählrohre 20
      7.11 Standard-Eichung 21
      7.12 Bestimmung der elektrischen Länge 21
   7.2 Teleskop 22
   7.3 Eichung der Ionisationskammern 22
8. Berechnung der Normalkurven 23

Zusammenfassung (Summary) 26

Literaturverzeichnis 27

Inhaltsverzeichnis

II. Zur Interpretation von Röntgenstrahlungsmessungen in Ballonhöhe in der Nordlichtzone

1. Einleitung .... S. 29

2. Reduktion des gemessenen Photonen-Spektrums
   auf das Photonenquellspektrum 33
   2.1 Optische Näherung für Photonen der Energie E 33
   2.2 Erweiterung auf ein Quellspektrum 36
   2.3 Messungen mit Szintillationszählern 37

3. Elektronenbremsstrahlung 41

4. Reduktion des mit Ionisationskammer und Zählrohr gemessenen Photonenflusses auf einen monoenergetischen Elektronenfluß unter näherungsweiser Berücksichtigung der Comptonstreuung 48

5. Röntgenstrahlungsmessung mit zwei Zählrohren (Aluminium- und Wismuth-Kathode) 51

Zusammenfassung (Summary) 58

Anhang 59

Literaturverzeichnis 60

1. Einleitung

Bei Ballonaufstiegen in der Nordlichtzone kann man mit geeigneten Detektoren sporadisch auftretende Röntgenstrahlungsausbrüche erfassen, die von in der Atmosphäre abgebremsten Elektronen als Bremsstrahlung emittiert wurden.

Daneben bietet die durch das Erdmagnetfeld bestimmte Grenzenergie für geladene Teilchen, die mit zunehmender geomagnetischer Breite abnimmt, die Möglichkeit, direkt oder indirekt nach chromosphärischen Eruptionen der Sonne auch relativ energiearme solare Protonen zu messen. So können sehr wichtige Informationen über den Zustand des interplanetaren Raumes gewonnen werden.

Wir haben in den vergangenen Jahren über Kiruna/Schweden Ballonaufstiege ausgeführt, bei denen wir als Detektoren eine Kombination von Ionisationskammer, Zählrohr und Zählrohrteleskop verwendet haben.

Für die Auswertung der Messungen ist es sehr wichtig, die Nachweis-Eigenschaften dieser Detektoren gegenüber Photonenstrahlung und gegenüber geladenen Teilchen zu kennen. In der vorliegenden Arbeit sollen diese Eigenschaften näher untersucht werden.

2. Beschreibung der Ballonsonde

Die Ballonaufstiege wurden mit TESIO-Geräten – einer Kombination von Zählrohr, Zählrohrteleskop und Ionisationskammer (TESIO = <u>Te</u>lescope, <u>S</u>ingle Counter, <u>I</u>onisation Chamber) – durchgeführt. Wir verwendeten Victoreen 1B85-Zählrohre und integrierende Ionisationskammern vom Neher-Typ [14]. Die wichtigsten Daten der Detektoren sind in Tab. 1 zusammengefaßt.

Tab. 1: Die wichtigsten Daten für die Detektoren [1]

Detektor	Form, Abmessungen, Orientierung	Wandmaterial [mm] Wandstärke [g/cm^2]	Geometriefaktor [cm^{2}ster] [2] für verschiedene Zenitwinkel-Verteilungen $\mu =$ 0		1	2	3	4	Anmerkungen
1 B 85 Zählrohr	Zylinder Effekt. Länge: 7,0 cm Inner. Durchm.: 1,9 cm	Al 0,11 mm, entsprechend 30 mg/cm^2	75		34,1	21,0	14,8	11,3	Totzeit 100 µsec, Empfindlichkeit für Kosm. Strahlung: 96 %
Teleskop	3 Zählrohre 1 B 85, vertikal	Al 150 mg/cm^2	6,9		6,2	5,6	5,3	5,0	3-fach Koinzidenzauflösungszeit 7 µsec
Ionisationskammern	Kugel 25 cm Durchmesser	Fe ca. 6 mm, entsprechend 480 mg/cm^2	Projizierte Fläche 490 cm^2						Elektrometer Ladung pro normiertem Puls $4,2 \cdot 10^{-10}$ Cb, Füllgas: Argon, Fülldruck 9 Atm.

[1] Die angegebenen Geometriefaktoren sind, abweichend von [15], auf eine elektrische Länge der Zählrohre von 7,0 cm bezogen.

[2] Als Zenitwinkel-Verteilung setzt man für die kosmische Strahlung üblicherweise $I(\vartheta) = I_o \cos^\mu \vartheta$ an.

2.

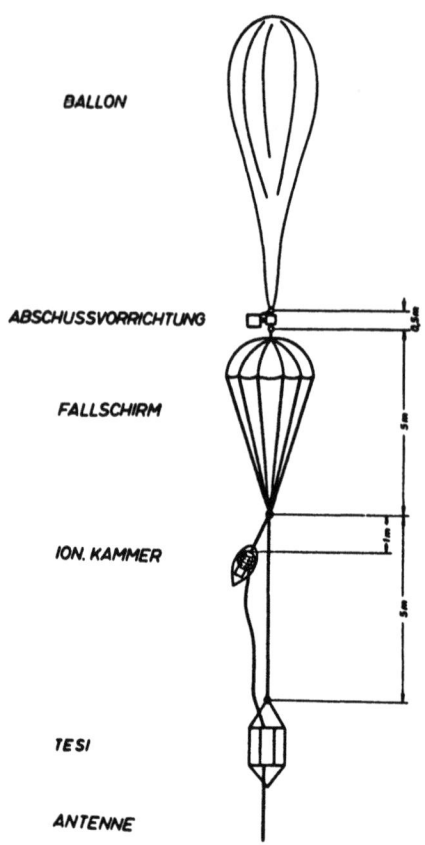

Abb. 1: Seilplan beim Ballonaufstieg (schematisch)

Das Einzelzählrohr war mit vertikaler Achse montiert, das Teleskop bestand aus drei in der Vertikalen übereinanderliegenden Zählrohren mit horizontaler Achse. Während des Fluges hing die Ionisationskammer etwa 3,5 m über dem Zählrohrgerät (Abb. 1). Der von ihr ausgeblendete Raumwinkel war kleiner als 0,1 % des oberen Halbraumes. Die abschirmende Wirkung der Kammer kann daher unberücksichtigt bleiben.

Die Abb. 2 gibt das Blockschaltbild der Sonde wieder, das hier kurz erläutert werden soll (eine genauere Beschreibung ist bei PFOTZER et al. [15] zu finden). Ein Kipp-Oszillator erzeugt über einen Transformator mit nachfolgender Kaskadengleichrichtung die für den Betrieb der Zählrohre benötigte Hochspannung von 900 Volt. Die Zählrohrimpulse werden verstärkt und geeignet untersetzt. Zehn Untersetzerstufen ergeben am Ausgang in 30 km Höhe an einem ruhigen Tag etwa alle 20 Sekunden einen Spannungssprung. Dieser Spannungssprung schaltet einen NF-Oszillator (Subcarrier-Oszillator) abwechselnd ein und aus.

Die vom Teleskop kommenden Impulse lösen in einer Rossi-Koinzidenzstufe von 7 µsec Auflösungszeit Dreifachkoinzidenzen aus, die, von Zweifachkoinzidenzen abdiskriminiert, in 6 Stufen untersetzt, ihrerseits ebenfalls einen NF-Oszillator an- und abschalten. Die Ionisationskammerimpulse steuern, verstärkt und geformt, einen dritten NF-Oszillator. Ein vierter wird im Rythmus der Morsewalze, die die Luftdruck- und Temperaturmeßwerte kodiert, ein- und ausgeschaltet. Die Frequenzen dieser Oszillatoren entsprechen IRIG-Standardfrequenzen. Über Entkopplungswiderstände werden die Oszillatorsignale einer Mischstufe zugeführt, die dann die Kapazitätsvariationsdiode des FM-Senders steuert. Der Sender selbst ist ein mit einer Triode DC 70 bestückter Colpitts-Oszillator [4], der bei einer Sendefrequenz von 152 MHz eine HF-Ausgangsleistung von ca. 200 mWatt abgibt. Die Signale können bis zum Verschwinden des Senders

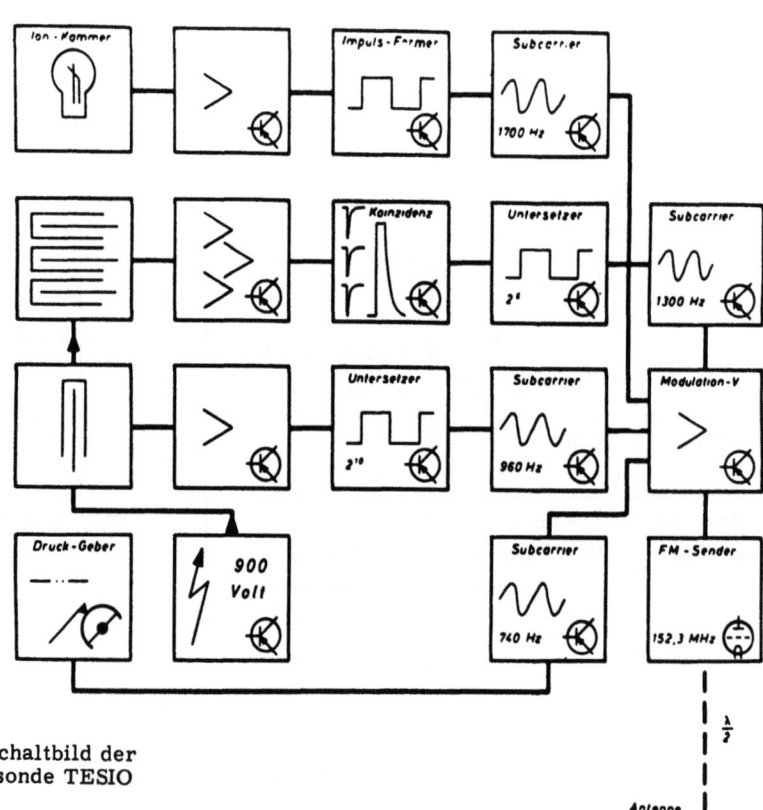

Abb. 2: Blockschaltbild der Ballonsonde TESIO

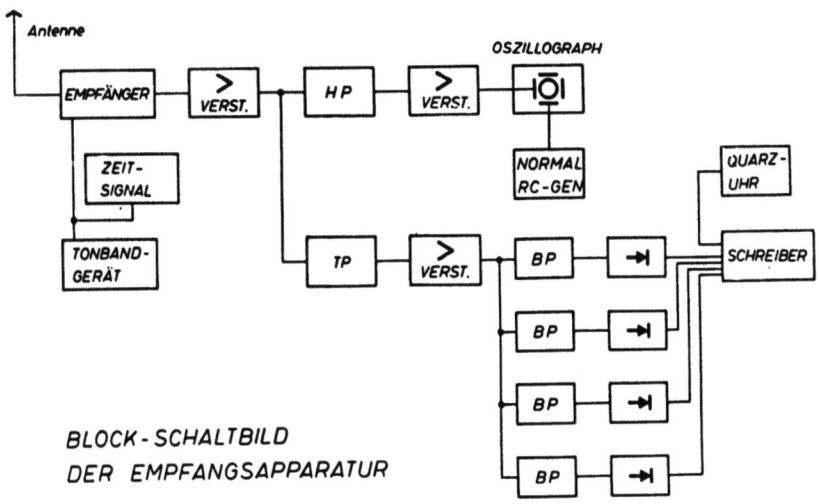

Abb. 3

unter dem optischen Horizont (in 30 km Höhe etwa 600 km Entfernung) empfangen werden. Die übrige elektronische Schaltung ist transistorisiert. Die Temperatur an der Ionisationskammer-Wand wird außerdem mit einem angekitteten temperaturabhängigen Widerstand, der die Frequenz eines Oszillators verändert (von 4 bis 10 kHz bei Temperaturänderungen von + 30 bis - 30°C), gemessen. Auch dieses Signal wird dem Sender zugeführt.

Die Abb. 3 gibt das Blockschaltbild der Empfangsapparatur wieder – das demodulierte Signalgemisch wird mit je einem Hoch- und einem Tiefpaß aufgetrennt in das Signalgemisch aus den vier Subcarrier-Oszillatoren (f < 4 kHz) und das die Ionisationskammer-Temperatur anzeigende Signal (f > 4 kHz). Der erstgenannte Anteil wird danach mit Bandfiltern zerlegt, gleichgerichtet und auf einem Mehrkanal-Schreiber aufgezeichnet. Zusätzlich wird das aus dem Empfänger kommende Signalgemisch auf Tonband aufgenommen.

3. Geometriefaktoren

Die Zählrate N eines Detektors, der eine Empfindlichkeit ε (vgl. unten) für den Nachweis einer bestimmten Strahlung besitzt, werde hervorgerufen durch eine Flußdichte von $I(\vartheta)$ Teilchen oder Photonen pro Flächen-, Zeit- und Raumwinkeleinheit. Diese Zählrate hängt natürlich von der speziellen Gestalt des Detektors ab, welche man gewöhnlich durch einen "Geometriefaktor" berücksichtigt. Dieser läßt sich aus der Geometrie des Detektors und der vorliegenden Winkelverteilung der Strahlung berechnen.

Für die Zählrate kann man also schreiben, wenn $F(\vartheta,\varphi)$ die auf die durch (ϑ,φ) bestimmte Richtung projezierte Detektorfläche ist, und $\varepsilon(\vartheta,\varphi)$ die Detektorenempfindlichkeit für Teilchen oder Photonen aus dieser Richtung bezeichnet,

$$N = \int_\Omega \varepsilon(\vartheta,\varphi) I(\vartheta,\varphi) F(\vartheta,\varphi) d\Omega \qquad (1)$$

(ϑ = Zenitwinkel, φ = Azimutwinkel, $d\Omega$ = Raumwinkelelement). Die Integration soll über den oberen Halbraum erstreckt werden, da wir uns nur für Strahlung interessieren, die ein an einem Ballon fliegender Detektor von oben empfängt.

Der Einfachheit halber legt man für die zu untersuchende Strahlung stets azimutale Symmetrie zugrunde, schreibt also für $I(\vartheta)$

$$I(\vartheta) = I_0 \, f(\vartheta) \qquad (2)$$

Eine vom Einfallswinkel abhängige Detektorenempfindlichkeit ε ist für die Praxis unbequem. Es genügt für unsere Zwecke, die Empfindlichkeit konstant über die Detektorenoberfläche anzunehmen. Dem wird

3.1.

in Abschnitt 4.2 durch Angabe einer über die Oberfläche gemittelten Empfindlichkeit ε für die einzelnen Detektoren Rechnung getragen.

Wir können also statt (1) einfacher schreiben

$$N = \varepsilon I_0 \int_\Omega F(\vartheta) f(\vartheta) d\Omega \quad . \tag{3}$$

Besitzt auch der Detektor azimutale Symmetrie (z.B. zylindrisches Zählrohr mit vertikaler Achse, kugelförmige Ionisationskammer), so gilt statt (3)

$$N = \varepsilon I_0 \, 2\pi \int_0^{\pi/2} F(\vartheta) f(\vartheta) \sin\vartheta \, d\vartheta = \varepsilon I_0 G \quad , \tag{3a}$$

$$G = 2\pi \int_0^{\pi/2} F(\vartheta) f(\vartheta) \sin\vartheta \, d\vartheta \quad . \tag{3b}$$

Gleichung (3b) definiert den oben erwähnten Geometriefaktor des Detektors. Die Integration ist hier über den Halbraum ausgeführt. Wenn man weiß, daß die Strahlung nur aus einem begrenzten Raumwinkelbereich stammt, wird man die Integration nur bis zu einem Winkel $\vartheta_0 < \pi/2$ erstrecken. Das ist aber bei unseren Anwendungen im allgemeinen nicht der Fall.

Als Funktion $f(\vartheta)$ nimmt man zur Beschreibung der Zenitwinkel-Verteilung der kosmischen Strahlung üblicherweise an:

$$f(\vartheta) = \cos^\mu \vartheta \quad . \tag{3c}$$

Dann kann man zur Berechnung des Geometriefaktors einfacher schreiben

$$G(\mu) = 2\pi \int_0^{\pi/2} F(\vartheta) \cos^\mu \vartheta \cdot \sin\vartheta \, d\vartheta \quad . \tag{3d}$$

Oft ist es bequem, $F(\vartheta)$ durch die Querschnittfläche F^* einer Kugel, deren Oberfläche gleich der Detektoroberfläche ist, zu approximieren. Dann gilt

$$N = \varepsilon F^* \int_\Omega I(\vartheta) \frac{d\Omega}{2\pi} = \varepsilon F^* \jmath \quad , \tag{4}$$

wo $\jmath$ die Dimension Teilchen pro Flächen- und Zeiteinheit hat. In den folgenden Abschnitten sind die Werte der gemäß (3d) berechneten Geometriefaktoren der drei Detektoren aufgeführt.

3.1 Zählrohr (vertikaler Zylinder)

$$F(\vartheta) = F_1 \cos\vartheta + F_2 \sin\vartheta$$

(F_1 = Querschnitt-Fläche senkrecht zur Achse, F_2 = Achsenschnitt-Fläche).

Mit $d\Omega = 2\pi \sin\vartheta \, d\vartheta$ erhält man

$$G(\mu) = 2\pi \int_0^{\pi/2} \cos^\mu \vartheta \left[\frac{\pi a^2}{4} \cos\vartheta + a\ell \sin\vartheta \right] \sin\vartheta \, d\vartheta \quad , \tag{5}$$

wo a den Zählrohrdurchmesser, ℓ die Zählrohrlänge bezeichnet. Für die verwendeten 1 B 85 Zählrohre ist $\ell = 7{,}00$ cm, $a = 1{,}91$ cm.

Man erhält dann aus (5) für

$\mu = 0$: $\quad G(0) = \dfrac{\pi^2 a \ell}{2} \quad (1 + \dfrac{a}{2\ell}) \quad = 74{,}9 \text{ cm}^2\text{ster}$,

$\mu = 1$: $\quad G(1) = \dfrac{2\pi a \ell}{3} \quad (1 + \dfrac{a\pi}{4\ell}) \quad = 34{,}1 \text{ cm}^2\text{ster}$,

$\mu = 2$: $\quad G(2) = \dfrac{\pi^2 a \ell}{8} \quad (1 + \dfrac{a}{\ell}) \quad = 21{,}0 \text{ cm}^2\text{ster}$,

$\mu = 3$: $\quad G(3) = \dfrac{4\pi a \ell}{15} \quad (1 + \dfrac{3\pi a}{8\ell}) \quad = 14{,}8 \text{ cm}^2\text{ster}$,

$\mu = 4$: $\quad G(4) = \dfrac{\pi^2 a \ell}{16} \quad (1 + \dfrac{4a}{3\ell}) \quad = 11{,}25 \text{ cm}^2\text{ster}$.

3.2 Teleskop

Die ausführliche Berechnung ergibt, wie z.B. PFOTZER et al. [16] zeigten:

$\mu = 0$: $\quad G(0) = 6{,}9 \text{ cm}^2\text{ster}$,

$\mu = 1$: $\quad G(1) = 6{,}15 \text{ cm}^2\text{ster}$,

$\mu = 2$: $\quad G(2) = 5{,}6 \text{ cm}^2\text{ster}$,

$\mu = 3$: $\quad G(3) = 5{,}3 \text{ cm}^2\text{ster}$,

$\mu = 4$: $\quad G(4) = 5{,}0 \text{ cm}^2\text{ster}$.

(Teleskop-Abmessungen: $\ell = 7{,}00$ cm, $D = 4{,}6$ cm, $a = 1{,}91$ cm, D = Abstand der beiden äußeren Zählrohrachsen).

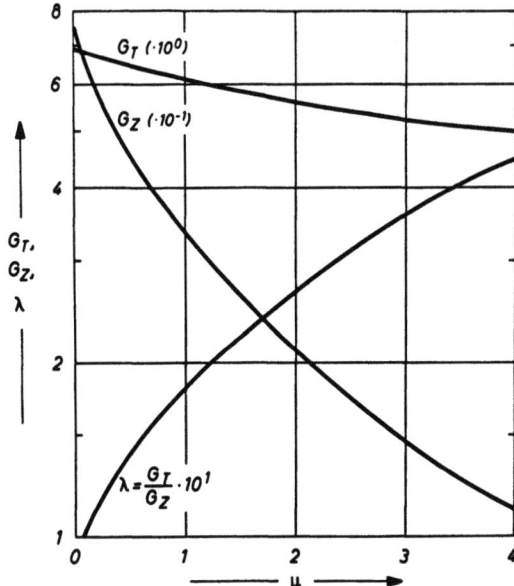

Abb. 4: Geometriefaktoren von Zählrohr (G_Z) und Teleskop (G_T) in Abhängigkeit vom Exponenten μ einer $\cos^\mu(\vartheta)$- Verteilung (vgl. Text). Verhältnis λ der Geometriefaktoren von Teleskop und Zählrohr in Abhängigkeit von μ.

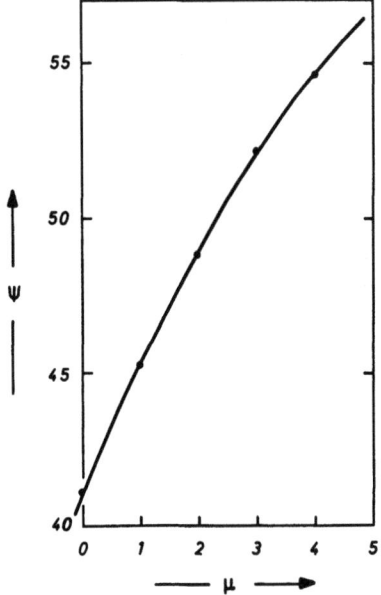

Abb. 5: Verhältnis ψ der Geometriefaktoren von Ionisationskammer (G_K) und Zählrohr (G_Z) in Abhängigkeit vom Exponenten μ einer $\cos^\mu(\vartheta)$- Verteilung.

3.3 Ionisationskammer

Wegen $F(\vartheta) = F = $ const erhält man für die Ionisationskammer mit $F = 491$ cm^2 aus (3d) sofort:

$$\mu = 0: \quad G(0) = 2\pi F = 3080 \text{ cm}^2\text{ster} \quad ,$$
$$\mu = 1: \quad G(1) = \pi F = 1540 \text{ cm}^2\text{ster} \quad ,$$
$$\mu = 2: \quad G(2) = \frac{2\pi F}{3} = 1026 \text{ cm}^2\text{ster} \quad ,$$
$$\mu = 3: \quad G(3) = \frac{\pi F}{2} = 771 \text{ cm}^2\text{ster} \quad ,$$
$$\mu = 4: \quad G(4) = \frac{2\pi F}{5} = 616 \text{ cm}^2\text{ster} \quad .$$

Die Geometriefaktoren für das Zählrohr und das Teleskop sind in Abb. 4 dargestellt, zusammen mit dem Verhältnis $\lambda = G_T/G_Z$. In Abb. 5 ist das Verhältnis der Geometriefaktoren von Zählrohr und Inisationskammer gezeichnet.

4. Empfindlichkeiten

Wir wenden uns nun der Berechnung der Empfindlichkeiten der verschiedenen Detektoren zu. Als "Empfindlichkeit" ε wollen wir hier das Verhältnis der vom Detektor in einer bestimmten Zeit gezählten Impulse zu der Zahl der Teilchen oder Photonen verstehen, die den Detektor in dieser Zeit durchsetzt haben.

4.1 Geladene Teilchen

Für Zählrohre ist ε_Z oberhalb der durch die Wandstärke gegebenen Mindestenergie E_s (Tab. 2) praktisch unabhängig von der Teilchenenergie. Experimentell kann man ε_Z mittels einer von EHMERT und TROST [2] angegebenen Methode bestimmen. Für relativistische Teilchen (Mesonen der komischen Strahlung) ergab sich auf diese Weise für 1 B 85-Zählrohre $\varepsilon_Z = 0{,}96$. Die Empfindlichkeit des aus drei solchen Zählrohren aufgebauten Teleskop ist dann $\varepsilon_T = (\varepsilon_Z)^3 = 0{,}885$.

Für die Ionisationskammer läßt sich ε_K näherungsweise aus der spezifischen Ionisation dE/dx der primären Teilchen und deren mittleren Bahnlänge im Füllgas, Δx, berechnen. Wir bezeichnen mit W_o die mittlere, zur Bildung eines Ionenpaares im Gas erforderliche Energie, mit q die Empfindlichkeit des

Tab. 2: Energieschwellen der Detektoren

(für die effektiven Wandstärken angegeben).

	Zählrohr	Ionisationskammer	Teleskop
Elektronen	200 keV	1,5 MeV	650 keV
Protonen	5 MeV	25 MeV	10 MeV
Photonen			ca. 600 keV

Kammerelektrometers, d.h. die pro Ionisationskammerimpuls abfließende Ladung. Dann kann man für die Zahl der Ionenpaare, die von einem Teilchen im Füllgas der Kammer erzeugt werden, welches, nachdem es die Kammerwand durchsetzt hat, noch die Energie E besitzt, schreiben:

$$n = \frac{\frac{dE}{dx} \Delta x}{W_o}$$

Die Empfindlichkeit ε ergibt sich dann daraus zu

$$\varepsilon = \frac{n \cdot e}{q} = \frac{(dE/dx) \cdot \Delta x \cdot e}{q \cdot W_o} \quad , \tag{6}$$

wo

$$\Delta x = \begin{cases} R_o & \text{für } R \leqq x_o \\ x_o & \text{für } R > x_o \end{cases}$$

ist, wenn R_o die praktische Reichweite der Teilchen und x_o die mittlere von Teilchen im Gas zurückgelegte Strecke ist.

Sekundäreffekte, wie in den Wänden ausgelöste Bremsstrahlung, sind bei dieser Berechnung vernachlässigt. Das ergibt bei Protonen praktisch keine Verfälschung des Resultats. Bei Elektronen wurde der hier größere Fehler etwas ausgeglichen: Da die Empfindlichkeiten für relativistische Energien etwa gleich groß sind, wurde die für Elektronen berechnete ε-Kurve parallel so verschoben, daß sie für hohe Elektronenenergien den für Protonen errechneten Wert von ε annahm. Wir können dann annehmen, daß die so gewonnenen Empfindlichkeitswerte innerhalb etwa $\pm 10\%$ korrekt sind. In Abb. 6 ist der so berechnete Quotient $\varepsilon_K / \varepsilon_Z$ für Protonen und Elektronen aufgetragen.

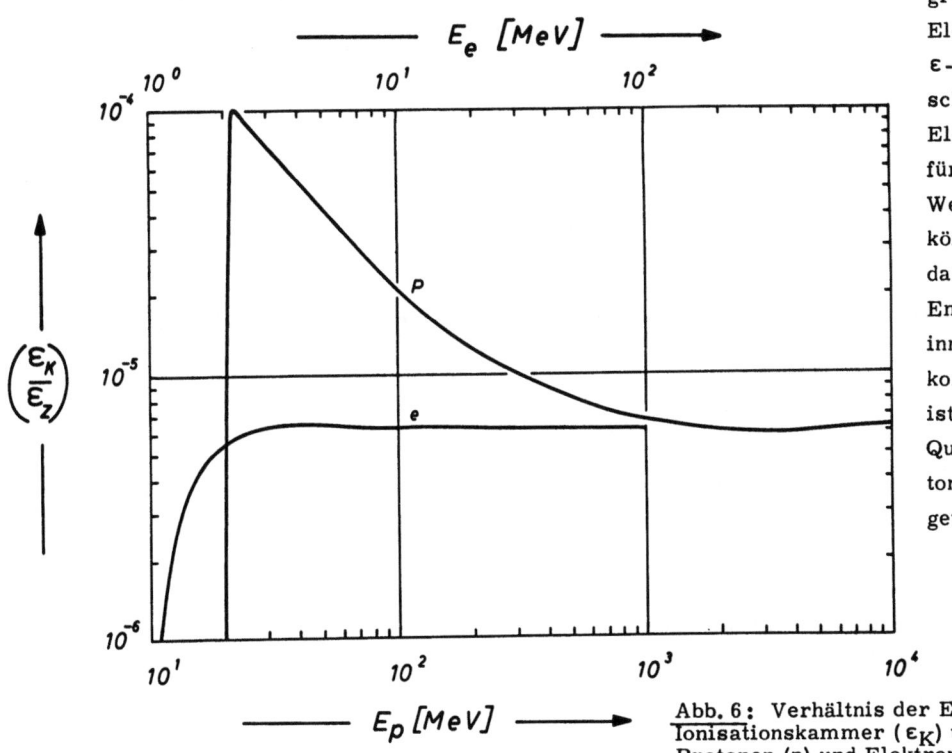

Abb. 6: Verhältnis der Empfindlichkeiten von Ionisationskammer (ε_K) und Zählrohr (ε_Z) für Protonen (p) und Elektronen (e) in Abhängigkeit von der Energie der Teilchen (E_p bzw. E_e).

4.2 Photonen

Der Nachweis von Photonen (Röntgenstrahlung, Gammastrahlung) mit den Detektoren geschieht über Sekundär-Elektronen, die von den Photonen durch Photo- und Compton-Effekt bzw. Paarerzeugung aus den Wänden bzw. im Füllgas der Detektoren ausgelöst werden. Wegen des kleinen Wirkungsquerschnittes dieser Effekte ist die Nachweisempfindlichkeit der Detektoren für Röntgenstrahlung wesentlich kleiner als für geladene Teilchen.

4.21. Zählrohr

Gegenüber Elektronen hat das Zählrohr eine Empfindlichkeit von 96 % (s.o.). Gegenüber Photonen, von denen zunächst angenommen werden soll, daß sie in einem parallelen Bündel den Zähler durchsetzen, ist die Empfindlichkeit (Sensibilität, Efficiency) definiert als das Verhältnis der gezählten Impulse zur Zahl der Photonen, die den Zähler durchsetzen. Dieses ist gegeben durch die Wahrscheinlichkeit, daß Sekundär-Elektronen aus den Wänden ausgelöst werden und in das empfindliche Volumen gelangen. Die Erzeugung von Sekundär-Elektronen im Gas kann vernachlässigt werden. Die effektive Dicke der Wandschicht, aus der Elektronen in das Zählrohr gelangen können, nimmt zu mit der Reichweite R_o der Elektronen. Die Zahl der Elektronen ist daher proportional zur Dicke dieser Schicht und zum Wirkungsquerschnitt σ für die elektronenauslösenden Prozesse. Wegen der Rutherford-Streuung und des Einflusses der Zählrohrgeometrie wird die Zahl der Elektronen, die schließlich nachgewiesen werden können, um einen energieabhängigen Faktor $\alpha(E) < 1$ reduziert, so daß man formal für die Zahl N der von $\jmath$ Photonen/cm^{2}sec ausgelösten und in das Zählrohrinnere gelangenden Elektronen schreiben kann

$$N = F^* \cdot \jmath \cdot e^{-\mu d^*} \cdot \alpha \cdot \sigma \cdot R_o = F^* \cdot \jmath \cdot \varepsilon ,$$
$$\varepsilon = \alpha \cdot \sigma \cdot R_o \, e^{-\mu d^*} \tag{7}$$

(F^* = der Zählrohroberfläche äquivalenter Kugelquerschnitt, vgl. Gleichung (4), d^* = effektive Dicke der Zählrohrwand, μ = Absorptionskoeffizient in der Wand). Je ein solcher Term ist für Photoeffekt, Compton-Effekt und Paarerzeugung anzuschreiben. Die Paarerzeugung wird allerdings in Aluminium erst bei Photonen-Energien oberhalb von etwa 10 MeV merklich. Der Effekt kann daher hier außer Betracht bleiben. Es gilt also

$$\varepsilon = e^{-\mu d} (\alpha_{Ph} \, \tau \, R_{oPh} + \alpha_c \, \mu_{ca} \, R_{oc}) \tag{8}$$

(τ = photoelektrischer, μ_{ca} = Compton-Absorptionskoeffizient).

Beim Compton-Effekt kann man zur Bestimmung von R_o die mittlere kinetische Energie $\bar{E}_e$ der Compton-Elektronen, gemäß

$$\bar{E}_e = \frac{\mu_{cs}}{\mu_c} (h_\nu)_o , \tag{9}$$

zugrunde legen, (μ_{cs} = Compton-Streukoeffizient, μ_c = Compton-Schwächungskoeffizient, $(h_\nu)_o$ = Photonen-Energie).

Die effektive Dicke der Zählrohrwand wurde zu $d^* = 1,5\,d$, die der Deckelfläche zu $d^* = 1,2\,d$ bestimmt (d = geometrische Wandstärke). Der Rechnung wurden für die praktischen Reichweiten die Daten von KATZ und PENFOLD [9] zugrunde gelegt. Die Werte von μ, μ_{cs}, μ_{ca}, μ_c und τ wurden EVANS [5] und LANDOLT-BÖRNSTEIN [12] entnommen.

Es werde nun angenommen, daß ein paralleles Bündel (Querschnitt groß gegen die Zählrohrabmessungen) von Photonen der Energie $(h_\nu)_o$ unter einem Winkel ϑ gegen die Vertikale ein zylindrisches Aluminium-Zählrohr mit vertikaler Achse durchsetzt. Die Photonen lösen in der Zählrohrwand Elektronen aus. Solange deren Energie $(h_\nu)_o$ kleiner als etwa 200 keV ist, spielt ausschließlich der Photoeffekt eine Rolle.

Der Einfallswinkel, unter dem die Photonen auf die Zählrohroberfläche treffen, beeinflußt die Empfindlichkeit nicht, solange man annehmen kann, daß die ausgelösten Elektronen ohne nennenswerte Streuung in Richtung des einfallenden Photons weiterlaufen. Die effektive Tiefe der Schicht, aus der Sekundärelektronen einer Reichweite R_o ins Zählrohrinnere gelangen können, ist nämlich für Photonen, die unter einem Winkel ϑ auf die Zählrohrwand auftreffen, proportional zu $\cos\vartheta$, während die Länge der Bahn des Photons in der Wand proportional zu $1/\cos\vartheta$ ist. Das Produkt beider ist unabhängig von ϑ. Für höhere Energien ($(h_\nu)_o > m_c c^2$) ist daher die Orientierung des Zählrohres in einem Strahlungsfeld von Photonen unerheblich.

Für niedrige Energien (Photoeffekt) spielt die Richtungsverteilung allerdings eine Rolle. Einerseits folgen Photoelektronen nicht der Richtung des primären Photons, sondern einer Streuindikatrix [16], andererseits nehmen die Winkel gestreuter Elektronen gegen die Einfallsrichtung der primären Photonen mit abnehmender Energie zu. Im Grenzfall sehr kleiner Energien liegt vollständige Streuung der Sekundär-Elektronen, also isotrope Richtungsverteilung, vor. Die Empfindlichkeit des Zählrohres hängt dann vom Einfallswinkel ab, weil die effektive Dicke der Erzeugungsschicht von ϑ unabhängig, die Bahnlänge der Photonen aber proportional zu $1/\cos\vartheta$ ist.

Für die praktische Anwendung ist die Angabe einer vom Einfallswinkel abhängigen Empfindlichkeit unbequem; auch ist die Einfallsrichtung i.A. unbekannt. In der Rechnung wurden daher über den oberen Halbraum gemittelte, die Geometrie berücksichtigende Faktoren in die Zählrohrempfindlichkeit eingearbeitet.

Diese geometrischen Einflüsse sind im Faktor α (Gl. (7)) zusammengefaßt. Er wurde unter Berücksichtigung der geometrischen Form des Zählrohres, der Rutherford-Streuung der Sekundär-Elektronen und deren Winkelverteilung in Abhängigkeit vom Einfallswinkel ϑ der Photonen gegen die Zählrohrachse und in Abhängigkeit von der Photonenenergie berechnet.

Es ergab sich, daß α nur sehr schwach von der Energie abhängt. Zur bequemen Handhabung der Formeln wurde die zunächst berechnete Funktion $\alpha(\vartheta, E)$ über die Zählrohroberfläche gemittelt ($\overline{\alpha(\vartheta, E)} = \alpha(E) \equiv \alpha$) und in dieser Form bei der Berechnung der Empfindlichkeiten in Gl. (8) berücksichtigt. Die Berechnung von α wollen wir hier übergehen.

Das Ergebnis der schließlich nach Gl. (8) berechneten Zählrohrempfindlichkeit ist in Abb. 7 wiedergegeben. Die mit (e) bezeichnete Kurve deutet den von BRADT et al. [1] gemessenen Verlauf der Zählrohrempfindlichkeit für Al-Zählrohre mit dicker Kathode an. Der von uns berechnete Verlauf von $\varepsilon_Z(E)$ stimmt mit jener sehr gut überein.

In Abb. 7 ist die Empfindlichkeit sowohl für Luft- als auch für Vakuum-Umgebung des Zählrohres eingezeichnet. Die Verschiedenheit beider wird hervorgerufen durch die in der Umgebungs-Luft des Zählrohres ausgelösten Sekundär-Elektronen, die energiereich genug sind, um die Zählrohrwand zu durchdringen. Ihr Beitrag zur Zählrate wurde gemäß dem in 4.1 eingeschlagenen Verfahren berücksichtigt.

4.22 Ionisationskammer

Hier kann der Einfluß der Elektronen aus den Wänden gegenüber den Effekten im Gas im Gegensatz zum Zählrohr vernachlässigt werden[*]. (Gasdruck im Zählrohr $\sim 10^{-2}$ atm, Gasdruck in der Kammer: 9 atm). Die gesamte Energie eines Photons, das absorbiert oder gestreut wird, erscheint wieder in

---

[*] Die Wandeffekte wurden ähnlich wie für das Zählrohr berechnet. Unter Berücksichtigung der mittleren Energie der Sekundär-Elektronen zeigte sich, daß der Beitrag der Wand-Elektronen bis zu hohen Energien hin kleiner als 5 % der Gaseffekte blieb.

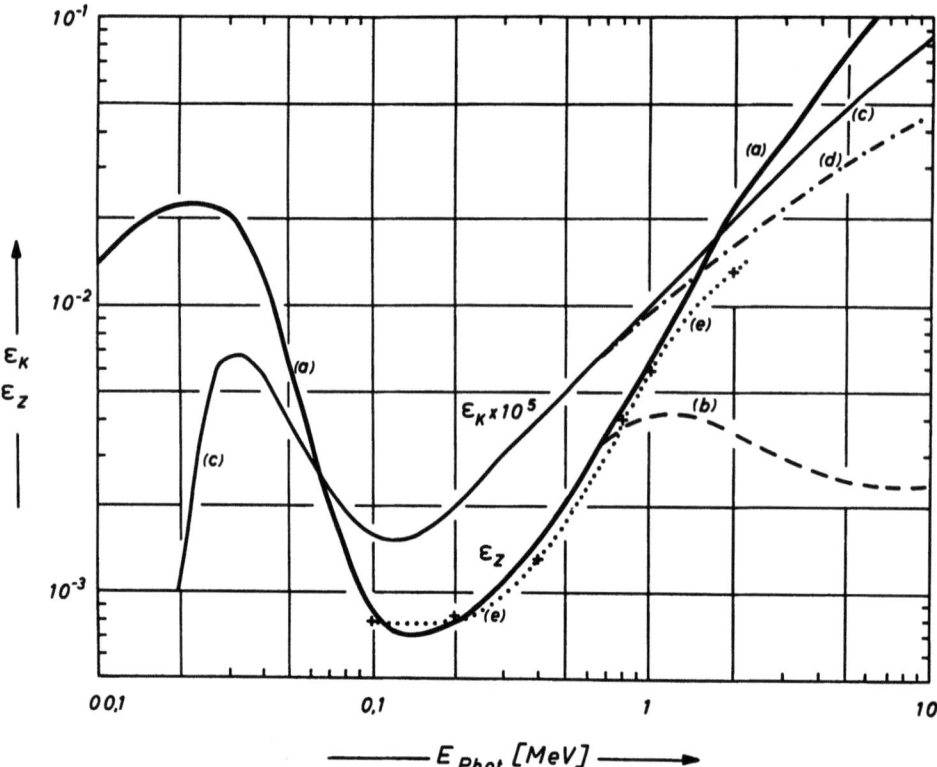

Abb. 7: Verlauf der Empfindlichkeiten von 1 B 85 Zählrohren (ε_z) in Luft (a), Vakuum (b) und Ionisationskammern (ε_K) in Luft (c), Vakuum (d) in Abhängigkeit von der Quantenenergie. Messungen von BRADT et al. [1] für dicke Al-Zählrohre sind zum Vergleich mit eingezeichnet (e).

einem Sekundär-Elektron und einem gestreuten Photon niedriger Energie. γ_o Photonen /cm^{2}sec erzeugen also eine Zahl $\gamma_o \, e^{-\mu_a d^*} \varepsilon^* (h\nu)_o / W_o$ von Ionenpaaren pro cm^3 im Gas, wobei der Exponentialterm die Photonenschwächung in der Kammerwand berücksichtigt.

d^* ist die effektive Wandstärke ($d^* = 1,6 \, d_{geometrisch}$), μ_a der Absorptionskoeffizient in Eisen, W_o die mittlere Energie pro Ionenpaar im Gas, $(h\nu)_o$ die Energie der Primärphotonen, ε^* ist der Bruchteil der aus dem primären Photonenstrom auf das Füllgas der Kammer übertragenen Energie. Bei einer im Impulsbetrieb arbeitenden Ionisationskammer erhält man die Zählrate N_K hieraus zu

$$N_K = \gamma_o \, e^{-\mu_a d^*} \, F_K \, \frac{\varepsilon_K^*(h\nu)_o}{W_o} \, \frac{e}{q} \, \frac{\text{Pulse}}{\text{sec}} \qquad (10)$$

oder

$$N_K = \gamma_o \cdot F_K \cdot \varepsilon_K$$

mit

$$\varepsilon_K = \frac{\varepsilon_K^*(h\nu)_o \, e}{W_o q} \, e^{-\mu_a d^*} \qquad (11)$$

(F_K: Querschnittsfläche der Kammer, e: Elementarladung, q: Elektrometer-Empfindlichkeit = pro Impuls abfließende Ladung).

Gleichung (11) definiert eine Größe ε_K, die, wie beim Zählrohr, als Kammerempfindlichkeit bezeichnet wird. Sie gibt ebenfalls die Zahl der Impulse pro einfallendem Photon an. Zur Berechnung von ε^* werden im Anschluß an MAY [13] zwei Fälle diskutiert.

4.221 Die mittlere Stoßweglänge ist kleiner als die Kammerdimension (Photo-Bereich).

Ist μ_a der Absorptionskoeffizient, so ist $e^{-\mu_a x}$ die Wahrscheinlichkeit, daß ein Photon die Strecke x ohne Absorptionsstoß zurücklegt, $W = (1 - e^{-\mu_a x})$ die Wahrscheinlichkeit, daß es auf der Strecke x absorbiert wird. Dadurch ist aber ε^* gerade definiert. W ist über den Querschnitt F der Ionisationskammer zu mitteln. Man erhält dann

$$\varepsilon^* = \frac{1}{F} \int_F (1 - e^{-\mu_a 2Z}) \, df, \qquad (12)$$

wo 2Z die Dicke der Kammer über dem Element der Querschnittsfläche df ist und nach Ausführung der Integration (Bezeichnungen vgl. 4.222)

$$\varepsilon^* = 1 - \frac{2}{(2\varrho r \mu_a)^2} \left\{ 1 - \exp(-2\varrho r \mu_a) \left[1 + 2\varrho r \mu_a \right] \right\} . \qquad (13)$$

Mit (13) wurde ε^* für Photonenenergien unter 150 keV berechnet.

4.222 Die mittlere Stoßweglänge gestreuter Photonen ist größer als die Kammerdimension

Die Energieübertragung erfolgt nur durch Sekundärelektronen. Dann gilt die unmittelbar verständliche Beziehung

$$(h\nu)_o \cdot I_o \cdot F \cdot \varepsilon^* = (h\nu)_o \, I_o \cdot n \cdot \mu_{aA} \qquad (14)$$

(n Zahl der Argonatome in der Kammer, μ_{aA} atomarer Absorptionskoeffizient). Wegen n = (N/A) M (N Avogadrozahl, A Atomgewicht, M Argonmasse) und (N/A) $\mu_{aA} = \mu_a$ (μ_a Massenabsorptionskoeffizient) erhält man aus (14) unter Berücksichtigung der Kugelgestalt der Kammer (r: Kammerradius, ϱ: Argondichte)

$$\varepsilon^* = \frac{\mu_a \cdot M}{F} = \frac{4}{3} \mu_a \varrho r \qquad . \qquad (15)$$

Man erkennt: 4/3 r ist die mittlere Bahnlänge für einen parallelen die Kammer durchsetzenden Teilchenstrom in der Kammer.

Wegen der eingangs gemachten Voraussetzung läßt sich die Formel (15) zur Berechnung der Kammerempfindlichkeit für Photoenergien oberhalb von etwa 50 keV benutzen. Das Ergebnis der Rechnung ist in Abb. 7 dargestellt. Aus der umgebenden Luft ausgelöste Elektronen ab Photoonen-Energien oberhalb von 600 keV sind gemäß Abschnitt 4.1 berücksichtigt.

Für den Energiebereich, in dem (13) und (15) gelten, wurde der Mittelwert der nach (13) und (15) berechneten Werte von ε^* genommen.

4.23 Zählrohrteleskop

Eine Koinzidenz kann im Zählrohrteleskop unmittelbar nur durch geladene Teilchen ausgelöst werden. Es ist jedoch auch gegenüber Photonen insofern empfindlich, als es auf Sekundärelektronen anspricht, die aus der Wand des oberen Zählrohres ausgelöst, energiereich genug sind, um das mittlere und die obere Wand des unteren zu durchdringen. Die Schwellenenergie für die Anzeige liegt bei 600 keV (Tab. 2). Seiner Lage wegen spricht das Teleskop nur auf von oben bzw. unten kommende Teilchen an; die Öffnungswinkel des Teleskop gegen die Vertikale sind 23° und 68°, gemessen in einer Ebene senkrecht zu den Zählrohrachsen, bzw. in der Ebene, die die Zählrohrachsen enthält.

Die Empfindlichkeit des Teleskop ist also gegeben durch

$$\varepsilon_T = \begin{cases} 0 & \text{für } E < 0,6 \text{ MeV} \\ 0,885\,\varepsilon_Z & \text{für } E > 0,6 \text{ MeV} \end{cases} \qquad (16)$$

Die Diskussion in 4.21 erlaubt die Verwendung von ε_Z in (16) ohne Rücksicht auf die tatsächlich vorliegende Richtungsverteilung; im Hinblick auf die erzielbare Meßgenauigkeit ist dies umso eher gerechtfertigt.

5. Zählratenverhältnisse

Für die Interpretation von Messungen mit den oben beschriebenen Detektoren ist die Information besonders wertvoll, die man aus den Verhältnissen der Zählraten der einzelnen Detektoren zueinander gewinnen kann.

5.1 Zählrohr und Teleskop

Nach PFOTZER et al. [15] kann aus dem Verhältnis $\Delta N_T / \Delta N_Z$ auf die vorliegende Zenit-Winkelverteilung einer einfallenden Partikel- oder Gammastrahlung geschlossen werden. Die Kenntnis dieser Verteilung ist für die Anwendung des "richtigen" Geometriefaktors (vgl. Abschnitt 2) bei der Reduktion auf Flußdichten Voraussetzung.

Von Zusatzstrahlung sprechen wir, wenn sich die gemessene Zählrate N eines Detektors von der allein durch die galaktische kosmische Strahlung ausgelösten, gemäß Abschnitt 8 berechenbaren, normalen Zählrate N_o um ΔN unterscheidet. $\Delta N = N - N_o$ muß von einer zusätzlich einfallenden Strahlung hervorgerufen worden sein.

Da $\Delta N = \varepsilon I_o G$ ist (Gl. (3a)), gilt wegen $\varepsilon_Z = 0,96$, $\varepsilon_T = 0,885$ für geladene Teilchen.

$$\frac{\Delta N_T}{\Delta N_Z} = 0,92 \frac{G_T}{G_Z} = 0,92\,\lambda \qquad (17)$$

$$\lambda = \frac{G_T}{G_Z} \qquad (18)$$

Die Geometriefaktoren für die einzelnen Detektoren wurden in Abschnitt 2 berechnet.

Für die kosmische Strahlung legt man nach (2) und (3c) eine Zenit-Winkelverteilung $I(\vartheta) = I_o \cos^\mu \vartheta$ zugrunde. Für verschiedene Werte von μ findet man dann die in Abb. 4 wiedergegebenen Werte von λ. Aus $\Delta N_T / \Delta N_Z$ rechnet man mittels (17) auf λ um und findet so den Exponenten μ.

Allerdings läßt sich dies Verfahren nicht immer anwenden. Ergibt sich aus gemessenen Werten ΔN_Z und ΔN_T mit dem isotropen Geometriefaktor $G(o)$ eine Differenz

$$\Delta I = \frac{\Delta N_Z}{\epsilon_Z G_Z(o)} - \frac{\Delta N_T}{\epsilon_T G_T(o)} > 0, \tag{19}$$

so ist der Schluß auf μ nicht ohne weiteres möglich. Dies tritt z.B. auf, wenn es sich um Protonen mit einem sehr steilen Energiespektrum handelt. Da das Zählrohr auf Protonen mit $E > 5$ MeV (Tab.2) anspricht, das Teleskop aber nur auf Protonen mit $E > 10$ MeV, rührt ΔI in (19) von Protonen her, die am Meßort Energien zwischen 5 und 10 MeV hatten.

Ist hingegen $\Delta I < 0$, so ist der Schluß von λ auf μ stets gerechtfertigt.

5.2 Zählrohr und Ionisationskammer

Die Natur der einfallenden Strahlung läßt sich aus den Messungen allein nicht immer eindeutig bestimmen. Eine wichtige Information erhält man indessen aus dem Zählratenverhältnis $\Delta N_K / \Delta N_Z$.

Mit $\psi = G_K/G_Z$ (Abb.5) kann das Zählratenverhältnis auf das Verhältnis der Empfindlichkeiten ϵ_K / ϵ_Z reduziert werden.

Für Protonen und Elektronen ist in Abb.6 ϵ_K / ϵ_Z berechnet. Aus Abb.7 kann man ϵ_K und ϵ_Z für Photonen entnehmen. Mit diesen Werten wurde (ϵ_K / ϵ_Z) für Photonenenergien von $0,02 \leqq E \leqq 10$ MeV (Abb.8) bestimmt.

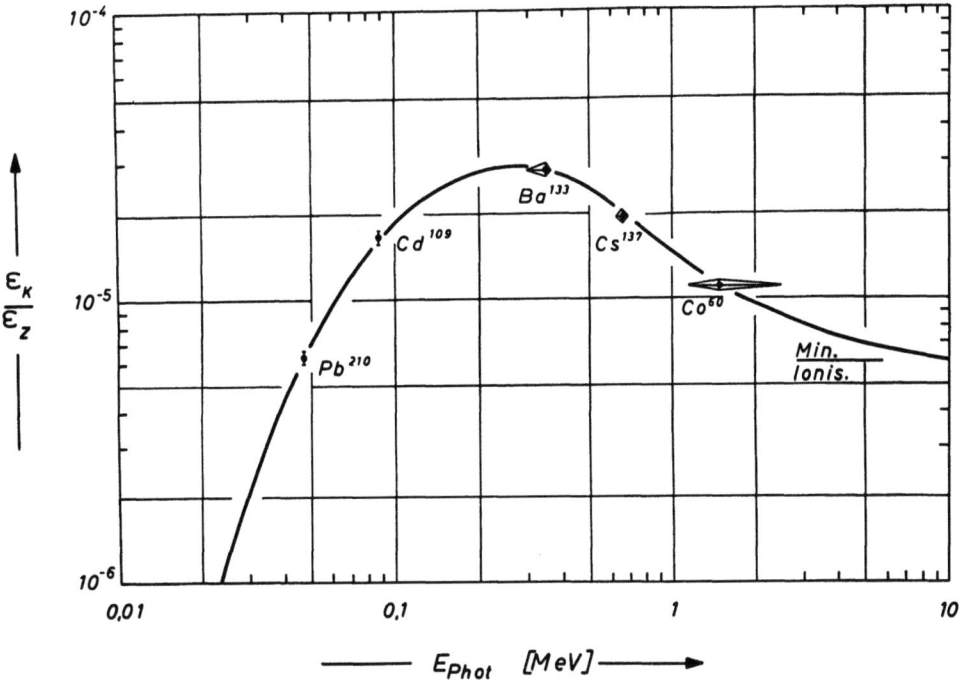

Abb. 8: Verhältnis der Empfindlichkeiten von Ionisationskammer (ϵ_K) und Zählrohr (ϵ_Z) für Photonen in Abhängigkeit von deren Energie. Die ausgezogene Kurve wurde berechnet. Mit verschiedenen radioaktiven Präparaten (Pb^{210}, Cd^{109}, Ba^{133}, Cs^{137}, Co^{60}) gemessene Werte von ϵ_K / ϵ_Z sind mit eingezeichnet.

In die Abbildung sind auch die Ergebnisse einer Eichmessung eingetragen. Bei der letzteren wurde ein Zählrohr und eine Ionisationskammer mit einer Reihe von radioaktiven Präparaten (Pb^{210}, Cd^{109}, Ba^{133}, Cs^{137}, Co^{60}) mit einer Aktivität von je 0,5 mC bestrahlt. Durch Einbringen geeigneter Absorber wurden die in der Abbildung angegebenen Linien (jeweils die der höchsten Energie) herausgefiltert. Während der Messung wurde dafür Sorge getragen, daß keine Verfälschung der Meßergebnisse durch Streustrahlung auftrat. Nach Reduktion des Zählratenverhältnisses mit dem (bekannten) Geometriefaktor deckten sich Rechnung und Experiment befriedigend.

Auf Protonen kann man sofort schließen, wenn $(\epsilon_K/\epsilon_Z) > (\epsilon_K/\epsilon_Z)_{Phot\,max} = 2,9 \cdot 10^{-5}$ ist, d.h. für Protonenenergien am Meßort zwischen 20 und 60 MeV. Falls ein Energie-Spektrum vorliegt, so kann man lediglich feststellen, daß die mittlere spezifische Ionisation äquivalent ist der von Protonen einer gewissen Energie E hervorgerufenen (vgl. Abschnitt 6.2). Auf Photonen kann man ganz allgemein schließen, wenn das Teleskop nicht anspricht. In allen anderen Fällen bedarf es zusätzlicher Information, um die Natur der Strahlung festzustellen.

6. Aussagen über spektrale Eigenschaften bei Protonen

Bei Protonen-Ereignissen möchte man aus den gemessenen Zählraten auf das Energie-Spektrum der Teilchen schließen. Dafür stehen mit den hier beschriebenen Detektoren zwei Methoden zur Verfügung.

Die erste Methode macht davon Gebrauch, daß während der Steigphase eines Ballonaufstieges praktisch eine Reichweitemessung durchgeführt wird. Wir wollen diese zuerst besprechen.

6.1 Bestimmung des Energiespektrums aus einer Reichweitemessung

Wir wollen annehmen, daß während des Steigfluges keine zeitliche Änderung des Teilchenflusses vorkommt und daß die Normalkurve für den betreffenden Aufstieg (vgl. 8) bekannt ist, so daß man Zusatzstrahlung und galaktischen Untergrund trennen kann.

Im Energiebereich 20 MeV $\leq$ E $\leq$ 500 MeV kann die Reichweite R von Protonen hinreichend genau durch

$$R = \left(\frac{E}{31}\right)^{1,8} = C_2 E^{-\alpha} \tag{20}$$

(E in MeV, R in g/cm^2) dargestellt werden.

Gibt man das integrale Spektrum solarer Protonen in gewohnter Weise als Potenzgesetz an

$$I(>E) = C_1 E^{-K}, \tag{21}$$

so erhält man aus (20) und (21) sofort mit m = K/α

$$I(R) = C_1 \frac{R^{-K/\alpha}}{C_2} = KR^{-m}. \tag{22}$$

Diese Beziehung gilt zunächst für Teilcheneinfall aus dem Zenit. Für Einfall aus beliebigen gegen die Vertikale um den Winkel ϑ geneigten Richtungen ist, wenn p die atmosphärische Tiefe in g/cm^2 angibt, die Reichweite R gegeben durch

$$R = \frac{p}{\cos\vartheta} \quad . \tag{23}$$

Die omnidirektionale Intensität I_p, gemessen in der Tiefe p ergibt sich dann aus (22) mit (23) durch Integration über den Raumwinkel (dΩ)

$$I_p = \int I\left(>\frac{p}{\cos}\right) d\Omega$$

$$I_p = K' \, p^{-m} \quad . \tag{24}$$

I_p, die Zahl der Teilchen pro Flächen- und Zeiteinheit, ist proportional zur Zählrate $N_D(p)$ des Detektors D in der Tiefe p. Gleichung (24) logarithmiert ergibt

$$\log I_p = \log K' - m \log p \quad . \tag{25}$$

Trägt man mithin den Logarithmus der zusätzlichen Zählrate gegen log p in einem Diagramm ein, so erscheint m als Steigung der Kurve N(p). Wegen $m = K/\alpha$ ergibt sich

$$K = \alpha \, m = 1,8 \, m \quad . \tag{26}$$

Das differentielle Spektrum $f(E) \, dE = CE^{-\gamma} \, dE$ hat demnach den Exponenten

$$\gamma = 1 + 1,8 \, m \quad . \tag{27}$$

6.2 Näherungsweise Bestimmung des Energiespektrums aus der spezifischen Ionisation

Eine Abschätzung des Exponenten eines Potenzspektrums läßt sich mit Hilfe der spezifischen Ionisation der Teilchen in der Ionisationskammer gewinnen. Allerdings bezieht sich das so ermittelte Spektrum nicht auf das Originalspektrum, sondern auf das hinter einem Absorber vorliegende Spektrum. Die Reduktion auf das Primärspektrum wird hier nicht behandelt. Das so ermittelte Spektrum ist also nicht notwendig identisch mit dem nach Abschnitt 6.1 ermittelten. Es spiegelt indessen spektrale Änderungen des Primärspektrums wieder, und insofern kann man das so ermittelte Spektrum zur Beurteilung zeitlicher Variationen des Primärspektrums verwenden, wenn man zu einer bestimmten Zeit etwa mittels einer gemäß Abschnitt 6.1 durchgeführten Bestimmung des Primärspektrums eine Normalisierung vornimmt (vgl. KEPPLER [10]). Eine eingehende Untersuchung des Zusammenhangs ist in Vorbereitung.

Bestimmt man gemäß Abschnitt 5.2 aus $\Delta N_K / \Delta N_Z$ den Wert von $\varepsilon_K / \varepsilon_Z$ und daraus nach Abb. 6 die mittlere Protonenenergie, so kann man aus Tabellen (z.B. HEISENBERG [7]) die zugehörige mittlere spezifische Ionisation $\overline{dE/dx}$ angeben. Anderseits läßt sich dE/dx (in MeV/g/cm²) für Protonen im Energiebereich $20 \leq E \leq 500$ MeV hinreichend genau durch

$$\frac{dE}{dx} = A E^{-\alpha} \qquad (A = 126, \quad \alpha = 0,686) \tag{28}$$

darstellen. Mit dem schon erwähnten Potenzansatz

$$f(E) \, dE = CE^{-\gamma} \, dE \tag{29}$$

für das differentielle Energiespektrum der Teilchen erhält man wegen (30)

$$\overline{\frac{dE}{dx}} = \frac{\int_{E=E_{min}}^{E=E_{max}} (dE/dx)\, f(E)\, dE}{\int_{E=E_{min}}^{E=E_{max}} (E)\, dE} \qquad (30)$$

mit (28) und (29)

$$\overline{\frac{dE}{dx}} = \frac{\gamma-1}{\alpha+\gamma-1}\, A\, (E_{min})^{-\alpha} \qquad (31)$$

und daraus γ zu

$$\gamma = 1 + \frac{\alpha \left(\overline{\frac{dE}{dx}}\right)}{A\,(E_{min})^{-\alpha} - \left(\overline{\frac{dE}{dx}}\right)} \qquad (32)$$

oder mit den Zahlenwerten

$$\gamma = 1 + \frac{0,686\,\overline{(dE/dx)}}{16,1 - \overline{(dE/dx)}} \qquad (33)$$

Bei der Integration ist die obere Grenze (E_{max}) gegen (E_{min}) vernachlässigt worden. Das ist gerechtfertigt, solange E_{max} genügend groß ($E_{max} \gtrsim 6\, E_{min}$) und $\gamma > 1,5$ ist. Für E_{min} ist die durch die Kammerwand bedingte Abschneideenergie einzusetzen (E_{min} = 20 MeV). Unter diesen Voraussetzungen ist der sich durch die Vernachlässigung von E_{max} ergebende Fehler kleiner als etwa 5%.

7. Die Normierung der Detektoren

Will man die Ergebnisse von Messungen, die mit verschiedenen Detektoren ausgeführt wurden, miteinander vergleichen, so ist es zweckmäßig, die Detektoren geeignet zu normieren. Die von uns angewandte Methode wird im Folgenden näher beschrieben.

7.1 Zählrohre

Die Zählrohre haben gewisse Fertigungstoleranzen, die sich insbesondere in der effektiven Länge bemerkbar machen. Erfahrungsgemäß sind die Abweichungen nicht sehr groß; sie liegen in der Größenordnung von $\pm$ 4%. Zur Messung von Röntgenstrahlungsausbrüchen, wo ohnehin nur Größenordnungen des primären Flusses angegeben werden können, sind diese Verschiedenheiten ohne Belang. Es erschien jedoch wünschenswert, sämtliche Ballonaufstiege zugleich auch zur Untersuchung der Variation der primären kosmischen Strahlung heranzuziehen, um so Aussagen über deren Intensitätsvariationen etwa über einen Sonnenfleckenzyklus hin machen zu können. (Wir führten über Kiruna 1960, 1961, 1962 und 1963 etwa 80 Ballonaufstiege aus, während über Lindau seit 1958 über das ganze Jahr verstreute Meßpunkte vorhanden sind.)

Aus diesem Grund müssen die Zählrohre untereinander verglichen werden. Die geschieht auf folgende Weise.

7.11 Standard-Eichung

In einem sonst leeren Raum befindet sich ein Radiumpräparat (1 mC) hinter einer Bleiblende. Die Zählrohre werden in etwa 1 m Abstand davon in wohldefinierter Lage, eines nach dem anderen, der Strahlung ausgesetzt. Die gemessene Zählrate ist in einem Strahlungsfeld, das das Zählrohr ganz umhüllt, nach VAN ALLEN und Mitarbeitern [6] proportional zur elektrisch wirksamen Länge des Rohres. Die Fertigungstoleranzen für den effektiven Durchmesser von 1 B 85-Zählrohren sind so klein, daß man dessen Einfluß außer Acht lassen kann). Jedes Zählrohr zählt in dieser Eichanordnung etwa $2 \cdot 10^5$ Impulse (ca. 50 Imp/sec.). Der statistische Fehler liegt bei 0,2 %. Die gemessene Zählrate P_o wird notiert.

7.12 Bestimmung der elektrischen Länge

Abb. 9 zeigt die Anordnung, mit deren Hilfe die elektrische Länge von Zählrohren experimentell bestimmt wurde. Vier dünne Zählrohre, deren Achsen in einer Ebene liegen, bilden ein Teleskop, durch das das zu untersuchende Zählrohr (Z), dessen Achse senkrecht zu dieser Ebene steht, hindurchgeschoben wurde. Ein radioaktives Präparat genügender Stärke befand sich in einiger Entfernung. Registriert wurden die sämtlichen Impulse N_1, die in Z ausgelöst wurden, sowie die 5-fach Koinzidenzen N_T, die mit den 4 Teleskop-Zählrohren und Zählrohr Z in einer modifizierten Rossi-Schaltung ausgelöst wurden. Am Meßergebnis wurden mit Hilfe von N_T und N_1 nachträglich Korrekturen bezüglich der Koinzidenzauflösungszeit (hier 7 μsec) und der Totzeit der Zählrohre angebracht. Die Koinzidenzen wurden in Abhängigkeit von der jeweiligen Lage des Zählrohres in ein Diagramm eingetragen. Der untere Teil der Abb. 9 zeigt eine so gewonnene Kurve. Als "effektive Länge" des Zählrohres wird die Halbwertsbreite der Kurve definiert.

Nach dieser Messung wurde für ein Zählrohr Z (wie in Abschnitt 7.11 beschrieben) der Eichwert P_o bestimmt. Anschließend wurde das Zählrohr geometrisch vermessen, aufgeschnitten und die geometrische Länge ℓ_o des Zähldrahtes bestimmt.

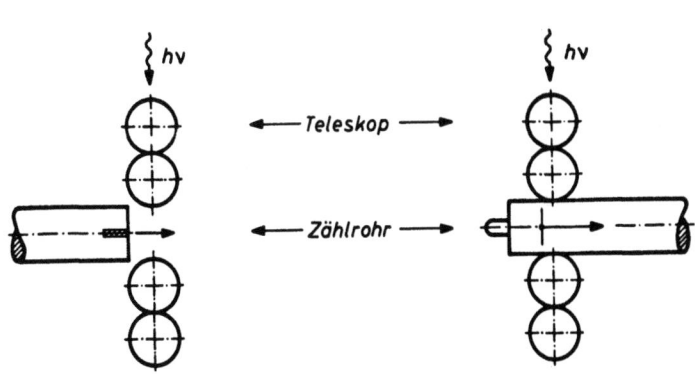
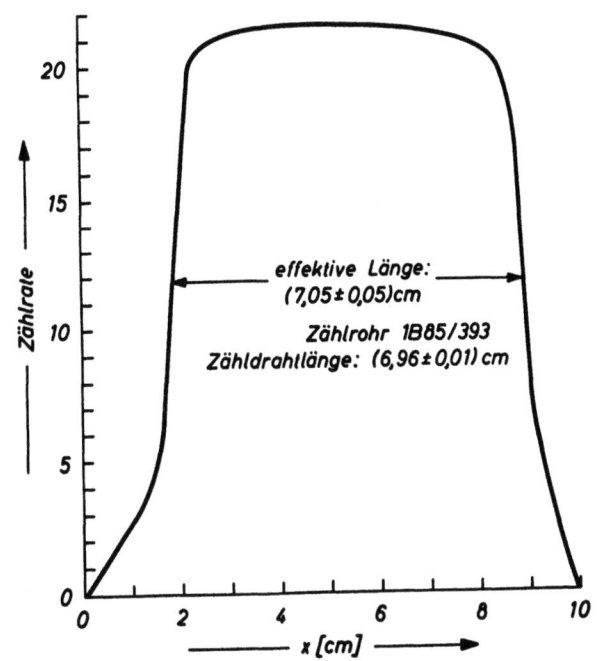

Abb. 9: Zur Bestimmung der effektiven Länge von Zählrohren.

7.2, 7.3
-22-

Dieser Prozedur wurden 10 Zählrohre des Typs 1 B 85 unterworfen. Dabei wurde die Proportionalität von P_o und ℓ_o bestätigt.

7.2 Teleskop

Die Teleskope zeigten untereinander etwas verschiedene Zählraten. Dies rührt von den Toleranzen im mechanischen Aufbau her sowohl als auch von den verschiedenen effektiven Längen der verwendeten Zählrohre. Die Teleskope wurden daher ebenfalls in einer Standard-Geometrie-Anordnung (mit Ra-Präparat geeicht. Bei der Auswertung der Aufstiegsmessungen wurden Teleskopdaten mit Hilfe dieser Eichwerte reduziert; die gezeichneten Aufstiegskurven sind unmittelbar miteinander vergleichbar.

7.3 Eichung der Ionisationskammern [*]

Jede Kammer wurde in einer Standard-Geometrie-Anordnung unmittelbar durch Bestrahlung mit einer 0,1 µC Radiumquelle geeicht, in der die Kammern S, 1, 2, ... n die Zählraten N_{1S}, N_{11}, N_{12}, ... N_{1n} registrierten. Daraus wurden Eichfaktoren

$$K_{1j} = \frac{N_{1S}}{N_{1j}} \qquad j = 1, 2, \ldots n$$

bestimmt. Damit konnten die Zählraten N_{ij} der Kammer j in einem beliebigen Strahlungsfeld i auf die Zählrate N_{is} umgerechnet werden, die eine als Standard ausgewählte Kammer S im gleichen Strahlungsfeld i registriert hätte.

Diese Reduktion erfolgte also durch die Beziehung:

$$N_{is} = K_{ij} \cdot N_{ij} \quad .$$

Außer dieser ersten Eichung wurden zwei weitere vorgenommen, und zwar einmal wieder mit Präparat unmittelbar vor dem Start (i = 2) und schließlich eine Eichung im Fluge im Strahlungsfeld der kosmischen Strahlung (i = 3). Da bei unseren Messungen speziell das Verhältnis der Zählraten von Ionisationskammer und Einzelzählrohr als Energiemaß ausgenutzt wurde, wählten wir das Strahlungsfeld für die Flugeichung in einer Höhe aus, in der dieses Verhältnis erfahrungsgemäß von Zusatzstrahlung nicht beeinflußt wird außer in den seltenen Fällen hochenergetischer Protonen-Ereignisse.

Praktisch wurden dazu die Zählraten von Einzelzählrohr und Ionisationskammer als Treppenkurven gegen den Logarithmus des Luftdruckes aufgetragen. In dieser Darstellung lassen sich die Zählraten in einem Höhenbereich von 700 bis 100 mb durch eine mittlere Gerade annähern. (Abb. 10, Bereich I). Die einer Zählrate von 11 Impulsen/sec des Zählrohres entsprechenden Zählraten der Ionisationskammern S, 1, 2, ... n wurden dann als Eichwerte N_{3s}, N_{31}, ... N_{3n} usw. festgestellt und hieraus, wie bei der Eichung mit Präparat, die Faktoren

$$K_{3j} = \frac{N_{3o}}{N_{3j}} \qquad \text{berechnet.}$$

Die Zählraten der Standardkammer waren in den 3 Strahlungsfeldern bei der Eichung

---

[*] Die Vorschriften für den Bau und die Eichung der Ionisationskammern wurden von Herrn Dr. G. PFOTZER ausgearbeitet. Die hier wiedergegebene Beschreibung der Eichmethode erfolgt mit seiner frdl. Erlaubnis in Anlehnung an ein internes Skriptum.

$$N_{1s} = 5,68 \text{ Imp/Min}$$
$$N_{2s} = 6,69 \text{ Imp/Min}$$
$$N_{3s} = 0,62 \text{ Imp/Min}$$

Die Eichfaktoren K_{2j} und K_{3j} stimmten gut überein. Zur Reduzierung der Daten wurde daher der Faktor $K = (K_2 + K_3)/2$ verwendet. Die Normierung der Ionisationskammern kann als zufriedenstellend angesehen werden. Für die oben erwähnte Vergleichskammer wurde die Empfindlichkeit des Elektrometers vom Verfasser zu

$$q = 4,20 \cdot 10^{-10} \pm 2\% \text{ Cb/Puls} \tag{34}$$

bestimmt.

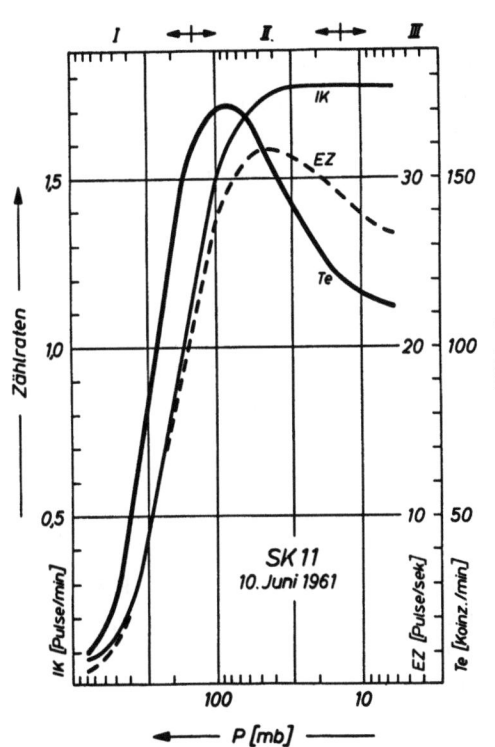

Abb. 10: Typischer Zählratenverlauf, wie er von der galaktischen kosmischen Strahlung hervorgerufen wird, bei Zählrohr (EZ), Ionisationskammer (IK) und Teleskop (Te) während eines Ballonaufstiegs über Kiruna am 10.6.61 in Abhängigkeit vom Luftdruck (p) (Normalkurven). Mit I, II und III sind drei Bereiche charakterisiert, in denen der Zählratenverlauf jeweils besondere Eigenschaften aufweist. In Bereich I lassen sich die Zählraten aller drei Detektoren in dieser Darstellung durch Geraden annähern. Bereich II ist der Übergangsbereich. Zählrohr und Teleskop zeigen das Pfotzer-Maximum. Bereich III: Hier erreicht die Ionisationskammer-Zählrate einen Plateau-Wert, während Zählrohr- und Teleskop-Zählraten zunächst abnehmen und für p < 10 mb einem Plateau-Wert zustreben.

8. Berechnung der Normalkurven

Zur Feststellung von Zusatzstrahlung ist die Kenntnis der Zählraten N_{DO} erforderlich, die von der galaktischen kosmischen Strahlung allein im Detektor D hervorgerufen wird.

Die Zählrate eines Detektors in einer einem Druck p entsprechenden Höhe läßt sich nach ERBE [3] mit Hilfe empirisch gewonnener Umrechnungskoeffizienten an die Zählraten von Neutronen-Monitor-Anlagen am Boden anschließen. Umgekehrt kann man diesen Umstand zur Berechnung der Zählrate eines Detektors bei irgendeiner Neutronenzählrate ausnutzen. Man ist mithin in der Lage, "Normalkurven" (vgl. Abb. 10) zu konstruieren und kann bei Flügen, bei denen Zusatzstrahlung dem normalen "galaktischen Untergrund" überlagert ist, beides trennen.

Die Zählraten eines Neutronenmonitors an irgendeiner Station auf der Erde lassen sich mit Hilfe gewisser Faktoren, die die geomagnetische Lage der Station und die Geometrie der Apparatur berücksichtigen, so reduzieren, daß der zeitliche Verlauf dieser Zählraten für beliebige Stationen praktisch gleich ist, solange keine solare Zusatzstrahlung auftritt. Man kann daher irgendeine Station auswählen und deren Meßergebnisse der hier zu beschreibenden Rechnung zugrunde legen.

Die die Detektorzählraten mit dem Wert der Bodenneutronen verknüpfenden Umrechnungskoeffizienten müssen allerdings für jeden Detektor und für diese Station empirisch bestimmt werden. Es ist anzunehmen, daß diese Koeffizienten in hohen Breiten auch nur für einen beschränkten Zeitraum innerhalb eines Sonnenzyklus anwendbar sind wegen der möglichen spektralen Variationen der kosmischen Strahlung. Doch kann darüber im Augenblick noch keine Aussage gemacht werden.

Zur Bestimmung der Koeffizienten wurden die Messungen von insgesamt 26 Ballonaufstiegen, die im Sommer 1961 über Kiruna durchgeführt wurden, ganz oder teilweise herangezogen. Die Zählraten von Ionisationskammer, Einzelzählrohr und Teleskop wurden gegen den Logarithmus des Luftdrucks aufgetragen (Abb. 10 zeigt die für jeden Detektor typischen Aufstiegskurven) und durch überlappende Mittelung geglättet. Die Aufstiege wurden nach den zugehörigen Zweistunden-Mittelwerten des Sulphur-Mountain Neutronen-Monitors geordnet. Diese wurden wegen der Kiruna vergleichbaren geomagnetischen Breite von Sulphur Mountain als Bezugswerte ausgewählt.

Tab. 3: Umrechnungskoeffizienten (1961)

p mb	Zählrohr $a \times 10^3$	b	Ionisationskammer $a \times 10^6$	b	Teleskop $a \times 10^3$	b
800	0,23	0,76	27	0,065	5,4	6,7
700	0,78	0,79	40	0,072	3,9	9,8
600	0,14	1,37	35	0,090	7,4	17,8
500	0,86	2,02	16	0,139	1,1	25,4
400	1,50	3,58	49	0,217	5,9	47,1
300	1,80	7,46	24	0,437	2,2	70,9
250	2,30	10,40	36	0,612	4,6	103,7
200	2,7	14,35	173	0,781	5,7	128,1
150	4,2	19,0	248	1,045	17,5	151,5
120			446	1,195	16,8	159,7
Maximum					27,4	161,8
100	6,8	24,7	462	1,329		
80	8,0	26,6	450	1,443		
60	9,1	27,8	485	1,523	57,3	145,6
40			582	1,546	57,5	133,6
Plateau			590	1,552		
Maximum	9,3	28,4				
30	10,8	27,3			42,2	128,3
20	12,8	25,6			52,0	111,6
15	10,1	25,6			32,2	105,6
10	8,9	25,0			48,5	99,1

Zwischen der Zählrate $N_D(p, t)$ des Detektors D beim Druck p (mb) und der Neutronenzahl n(t) ergab ein linearer Zusammenhang

$$N_D(p, t) = a_D(p) \cdot n(t) + b_D(p) \tag{35}$$

befriedigende Ergebnisse. a(p), b(p) sind die gesuchten Koeffizienten. Zu ihrer Bestimmung konnten allerdings bei niederen Drucken nicht alle Aufstiege herangezogen werden, da bei einigen Zusatzstrahlung auftrat, die mitunter bis in große atmosphärische Tiefen herunterreichte. In Tab. 3 sind die so gewonnenen Koeffizienten wiedergegeben. Die mit Hilfe dieser Koeffizienten errechneten Normalkurven sind den Untersuchungen zugrunde gelegt.

Es gibt indessen Fälle, wo sich die Zählraten oberhalb des Pfotzer-Maximums nicht in dieses Schema einordnen lassen. Eine Erklärung dieser "Ausreißer" ist im Augenblick nicht bekannt. In das vorliegende Material sind solche Abweichungen nicht einbezogen worden. Es ist jedoch nicht ausgeschlossen, daß bei Aufstiegen mit Zusatzstrahlung eigentlich eine von der berechneten abweichende Normalkurve hätte zugrunde gelegt werden müssen. Die so eventuell in der Reduktion enthaltenden Fehler sind nach des Verfassers Erfahrungen bei einem Druck von 10 mb beim Zählrohr von der Größenordnung 1 Puls/sec, bei der Ionisationskammer etwa 0,1 Impuls/min, beim Teleskop 10 Koinz/min. Es erscheint aber notwendig, auf diesen Umstand hinzuweisen, insofern zu seiner Klärung doch wohl spektrale Variationen der Primärstrahlung herangezogen werden müssen. Eine systematische Untersuchung mit Simultanaufstiegen an Orten verschiedener geomagnetischer Breite würde hier wahrscheinlich besonders aufschlußreich sein. Eine Klärung dieser Frage könnte u. U. auch auf interplanetare Modulationsmechanismen hinweisen.

ERBE [3] und HENKEL et al. [8] haben auf ähnliche Abweichungen bereits früher aufmerksam gemacht

Ich möchte an dieser Stelle den Herren
Dr. G. PFOTZER und Prof. A. EHMERT
für viele hilfreiche Diskussionen und Anregungen meinen herzlichen Dank abstatten.

Zusammenfassung

Eine Ballonsonde, die als Detektoren ein Einzelzählrohr, ein Zählrohrteleskop und eine Ionisationskammer enthält, wird beschrieben. Die Empfindlichkeiten der einzelnen Detektoren für geladene Teilchen und für Röntgenstrahlung werden berechnet und indirekt durch Messung bestätigt. Die Informationen, die aus den Verhältnissen der Zählraten der einzelnen Detektoren in verschiedenartigen Strahlungsfeldern gewonnen werden können, werden diskutiert, die Eichung der Detektoren wird beschrieben. Zur Bestimmung des von der galaktischen kosmischen Strahlung herrührenden Untergrundes in Gegenwart von Zusatzstrahlung wird in Anlehnung an ERBE [3] für die Epoche 1961 eine empirische Beziehung zwischen der Zählrate eines Bodenneutronenmonitors und der Zählrate der Detektoren in verschieden Höhen angegeben.

Summary

A ballon-borne detector combination (single Geiger counter, counter telescope, ionization chamber) has been described. The efficiency of the different detectors for charged particles and X-rays has been calculated, the result is controlled indirectly by measurements. The information contained in the ratios of the various detectors' counting rates, as obtained in different radiation fields, is considered in some detail. Then the calibration of the different detectors is described. Finally the counting rate as measured by the detectors due to cosmic rays only is empirically related to the counting rate of ground based neutronmonitor for different altitudes. This provides a simple method in order to obtain the galactic background in the presence of additional radiation, as during solar proton events or bremsstrahlung X-rays.

Literaturverzeichnis

[1] BRADT, H., P.C. GUGELOT, O. HUBER, H. MEDICUS, P. PREISWERK, P. SCHERRER:
Empfindlichkeit von Zählrohren mit Blei-, Messing- und Aluminiumkathode für γ-Strahlung im Energieintervall 0,1 MeV bis 3 MeV. Helv. Phys. Acta 19, 77-90 (1946).

[2] EHMERT, A., A. TROST: Eine neue Methode zur Registrierung von Zählrohrkoinzidenzen, Diskussion und Messung der bei Koinzidenzzählungen zu berücksichtigenden Korrekturen. Z. f. Physik 100, 553-568 (1936).

[3] ERBE, H.: Auswirkungen der Variationen der primären kosmischen Strahlung auf die Mesonen- und Nukleonen-Komponente am Erdboden. Mitteilungen aus dem Max-Planck-Institut für Aeronomie, Nr. 2 (S), Springer Verlag, Berlin (1959).

[4] ERBE, H.: Ein Ballongerät zur Messung der kosmischen Strahlung in großen Höhen. Elektronik 11, Nr. 3 (1962).

[5] EVANS, R.D.: The atomic nucleus, chapter 23, p. 672 ff. Mc Graw Hill Book Comp. Inc., New York (1955).

[6] GANGES, A.V., J.F. JENKINS, J.A. VAN ALLEN:
The cosmic ray intensity above the atmosphere. Phys. Rev. 75, 57-69 (1949).

[7] HEISENBERG, W.: Kosmische Strahlung, 2. Aufl., S. 576, Springer Verlag, Göttingen (1953).

[8] HENKEL, J.E., J.A. LOCKWOOD, J.H. TRAINOR:
A comparison of the cosmic ray intensity at high altitude with the nucleonic component at ground elevation. J. Geophys. Res. 64, 1427-1438 (1959).

[9] KATZ, L., A.S. PENFOLD: Range energy relations for electrons and the determination of beta ray end point energies by absorption. Rev. Mod. Phys. 24, 28-44 (1952).

[10] KEPPLER, E.: Messung von Röntgenstrahlung und solaren Protonen mit Ballongeräten in der Nordlichtzone. Mitteilungen aus dem Max-Planck-Institut für Aeronomie, Nr. 15 (S) Springer Verlag, Berlin (1964).

[11] KOCH, H.W., J.W. MOTZ: Bremsstrahlung cross section formula and related data. Rev. Phys. 31, 920-955 (1959).

[12] LANDOLT-BÖRNSTEIN: Zahlenwerte und Funktionen. I. Band, Atom- und Molekularphysik. 5. Teil: Atomkerne und Elementarteilchen. 6. Auflage, Springer Verlag, Berlin (1952).

[13] MAY, T.C.: A study of auroral x-rays at Minneapolis between 23 august 1959 and 1 august 1960. Cosmic Ray Tech. Rep. CR-36, School of Physics, University of Minnesota (1961).

[14] NEHER, H.V., A.R. JOHNSON: Modification to the automatic ionisation chamber. Rev. Sci. Instr. 27, 173-174 (1956).

[15] PFOTZER, G., A. EHMERT, E. KEPPLER:
Time pattern of ionizing radiation in balloon altitudes in high latitudes. Part A and B. Mitteilungen aus dem Max-Planck-Institut für Aeronomie, Nr. 9 (S), Springer Verlag, Berlin (1962).

[16] SOMMERFELD, A.: Atombau und Spektrallinien II, 2. Aufl., S. 436 ff., Vieweg und Sohn, Braunschweig (1951).

ZUR INTERPRETATION VON
RÖNTGENSTRAHLUNGSMESSUNGEN
IN BALLONHÖHE
IN DER NORDLICHTZONE

von

ERHARD KEPPLER

1. Einleitung

Wir haben in den vergangenen Jahren zahlreiche Ballonaufstiege über Kiruna (Schweden) in der Nordlichtzone ausgeführt. Als Detektoren wurden dabei Ionisationskammern, Zählrohre und Szintillationszähler verwendet.

Bei diesen Aufstiegen wurde sehr oft Röntgenstrahlung nachgewiesen, von der wir heute wissen, daß es sich um Bremsstrahlung von Elektronen handelt, die in der hohen Atmosphäre abgebremst werden. Bei Raketenflügen konnten solche Elektronen verschiedentlich direkt [5], [13], [14], [15] nachgewiesen werden. Ihr Energiespektrum wird meist in exponentieller Form e^{-E/E_o} angesetzt, wobei für E_o Werte von 5 bis 50 keV gefunden wurden. Es gibt jedoch Anhaltspunkte dafür, daß sich mindestens in einigen Fällen nicht das gesamte Spektrum in dieser Form darstellen läßt (RIEDLER [20]).

Die Herkunft der Elektronen steht noch nicht fest. Zahlreiche Autoren vermuten jedoch, daß die Elektronen entweder noch im Bereich der Magnetosphäre oder nahe der Magnetopause im interplanetaren Raum von thermischen Energien an beschleunigt werden. Mit dem Beschleunigungsmechanismus assoziiert, möglicherweise von ihm initiiert, sollten dann auch die erdmagnetischen (Bay-) Störungen sein, die diese Elektronen-Ausfällungen begleiten.

Nach KREMSER [12] sind Röntgenstrahlungsausbrüche der Gruppe 1 (vgl. unten) - deren Ursache solche Elektronenausfällungen sind - immer mit erdmagnetischen Störungen verknüpft, auch, wenn während eines Ausbruchs an einer bestimmten Station magnetisch ruhige Verhältnisse vorliegen. Die zugehörige Störung findet sich dann immer an den Stellen, an denen sich das ionosphärische polare Stromsystem nicht kompensiert.

Nach allem, was man bisher weiß, ist es zweckmäßig, die Röntgenstrahlungsausbrüche in Gruppen einzuteilen. Wir wollen als Unterscheidungsmerkmale folgende Kriterien heranziehen: 1.) die mittlere Energie, die zum Beispiel aus Ionisationskammermessungen abgeleitet werden kann; 2.) die begleitenden geophysikalischen Phänomene.

Wir bezeichnen also als Röntgenstrahlung der

Gruppe 1: Röntgenstrahlung der mittleren Energie von etwa 50 keV, deren typisch steiles nachweisbares Energiespektrum ganz selten höher als etwa 200 keV reicht, die begleitet wird von geomagnetischen Baystörungen und zuweilen auch von sichtbaren Nordlichtern (lose Korrelation), die aber auch bei erdmagnetischen Stürmen auftritt. Ihre Erscheinungsformen lassen sich wie folgt charakerisieren:
a) langanhaltende Emission (bis zu mehreren Stunden)
b) die Intensität fluktuiert stark, gelegentlich um Größenordnungen in Sekundenschnelle
c) die Fluktuationen können quasiperiodisch erfolgen mit Quasiperioden von ca. 10 Minuten bis herab zu einigen 10 Millisekunden.

Die Ausbrüche sind räumlich nicht sehr weit ausgedehnt. Ihre Zeitstrukturen sind mitunter auch an nahe benachbarten Stationen (Entfernung z.B. 100 km) völlig verschieden.

Die Intensität der Ausbrüche scheint längs eines Meridians vom Zentrum der Nordlichtzone aus nach niedrigeren und höheren Breiten hin abzunehmen. Bei zunehmender magnetischer Aktivität (Kp) scheint sich die maximale Intensität des Röntgenstrahlungsausbruchs nach niedrigeren geomagnetischen Breiten zu verschieben.

Gruppe 2: Röntgenstrahlungsausbrüche, die gleichzeitig überall innerhalb der Nordlichtzone im Augenblick eines ssc auftreten. Ihre Dauer beträgt in der Regel nur wenige Minuten, ihre mittlere Energie liegt typisch höher (bei etwa 100 keV) als bei Ausbrüchen der Gruppe 1.

Gruppe 3: Ausbrüche, die sich nicht in Gruppe 1 oder 2 einordnen lassen (z.B. Ausbruch vom 16.7.1961 über Fort Churchill [23]).

Tabelle 1

Reichweite von Elektronen in der Atmosphäre

Energie keV	Reichweite mg/cm^2	Höhe km
5	$5,5 \cdot 10^{-2}$	113
10	$2,1 \cdot 10^{-1}$	103
20	0,8	94
50	4,2	85
100	14,5	79
200	44	72

Die Auslösung der Röntgenstrahlung in der Atmosphäre findet in einer verhältnismäßig dünnen Schicht statt (vgl. Tab. 1). Bezüglich der Richtungsverteilung wird man im einfachsten Fall Isotropie annehmen. Dies scheint zumindest für das Intensitätsmaximum eines Ausbruchs richtig zu sein, wie O'BRIEN [16] an Hand von Injun III-Messungen in einigen Fällen nachgewiesen hat.

Die Erfahrung zeigt, daß nur ganz selten Photonen mit Energien oberhalb von 500 keV zur Zählrate beitragen. Der Zählratenbeitrag von Photonen mit Energien größer 100 keV ist ebenfalls im Vergleich zu dem im Energiebereich zwischen 20 und 100 keV klein (vgl. Abb. 1). Der Fluß der erzeugenden Elektronen enthält also nur wenige Elektronen mit Energien oberhalb von 100 keV.

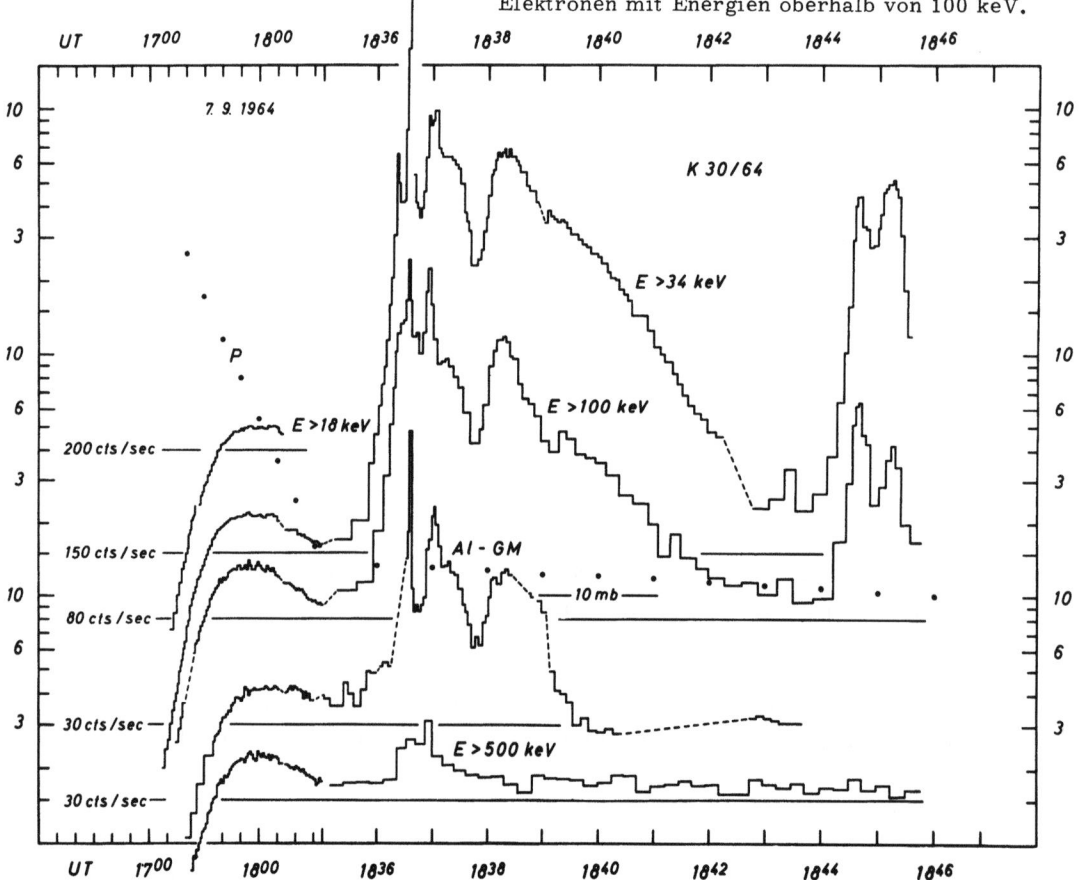

Abb. 1: Röntgenstrahlungsausbruch über Kiruna, gemessen am 7.9.1964 mit einem Szintillationszähler und einem Geiger-Müller Zählrohr in 12 g/cm^2 atmosphärischer Tiefe. Links im Bild die Steigphase des Ballons mit dem Pfotzer-Maximum. Beginn des Ausbruchs: 1836 UT. Während einer kurzen Phase des Ausbruchs wurde auch im Kanal E > 500 keV Zusatzstrahlung gemessen.

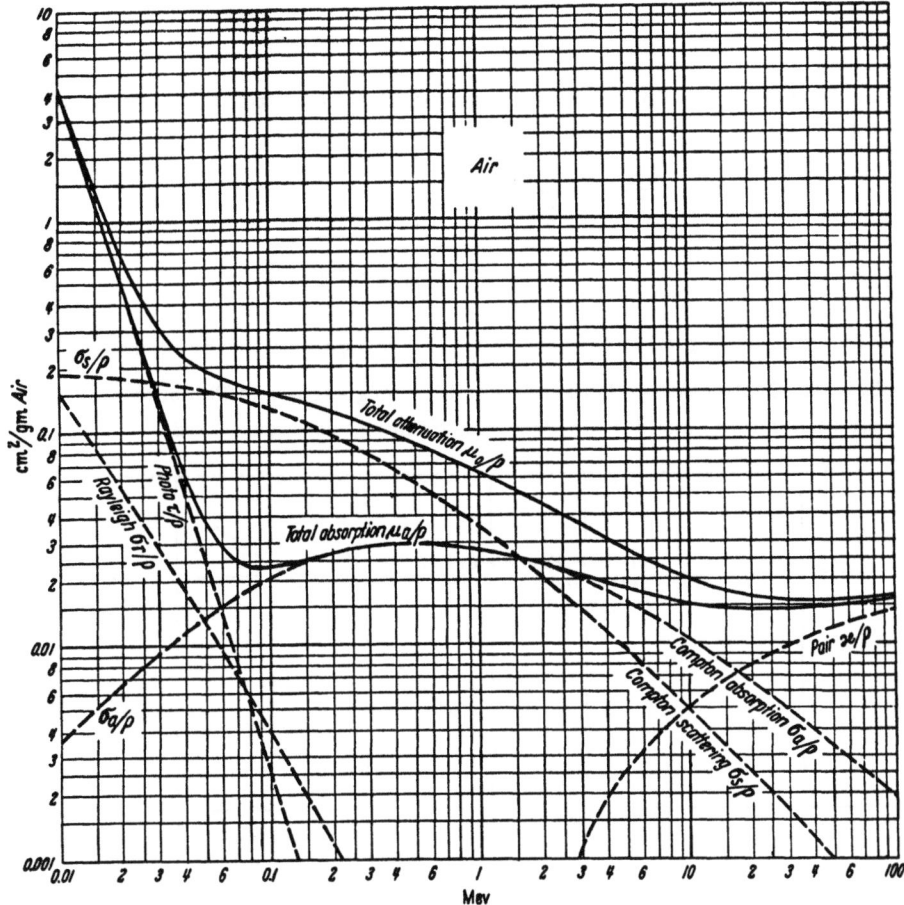

Abb. 2: Absorptions-, Schwächungs- und Streukoeffizienten für Photonen in Luft. (entnommen: G.R. WHITE, NBS-Report 1003, 1952)

Man kann daher zunächst grob sagen, daß das Gros der Photonen (vgl. Tab. 1) in Höhen zwischen 80 und 120 km erzeugt wird, also im Bereich zwischen $15 \cdot 10^{-3}$ und 10^{-5} g/cm^2. Diese Schicht ist "dünn" gegenüber der über dem Detektor liegenden Absorberschicht von einigen g/cm^2. Man begeht dann keinen gravierenden Fehler, wenn man zur Reduktion von in einer bestimmten Tiefe x g/cm^2 (Ballonhöhe) gewonnenen Photonenspektren auf das Quellspektrum als Modell eine optisch dünne, von Horizont zu Horizont reichende "leuchtende" ebene Schicht (Erdkrümmung vernachlässigt) annimmt und die Zahl der Photonen der Energie E bestimmt, die den Detektor treffen.

Im Folgenden wird diese Reduktion näherungsweise ausgeführt, wobei zunächst die Compton-Streuung vernachlässigt wird ("Optische Näherung"). Das soll diskutiert werden.

Der Streukoeffizient wird für Luft bereits bei Energien oberhalb von 25 keV gegenüber dem Absorptionskoeffizienten merklich, und dann mit zunehmender Energie sehr rasch größer als jener (Abb. 2). Die mittlere freie Weglänge für Comptonstreuung beträgt für Photonen mit Energien unter 100 keV im Mittel etwa 6 g/cm^2. Für den differentiellen Wirkungsquerschnitt der Comptonstreuung gilt die KLEIN-NISHINA-Formel[8], die sich für $\gamma = \frac{h\nu}{mc^2} \ll 1$ (mc^2: Ruheenergie des Elektrons) auf

$$d\sigma_{Str} = \frac{1}{2} r_o^2 \, d\Omega \, (1 + \cos^2 \varphi) \tag{1a}$$

reduziert. Das entspricht der klassischen Thompson-Streuung, die also auch unter großen Streuwinkeln mit erheblicher Wahrscheinlichkeit erfolgt. Die Energie der gestreuten Quanten ergibt sich zu

$$hv = \frac{(hv)_o}{1 + \gamma (1 - \cos \varphi)} \tag{1b}$$

Die Änderung der Energie ist für kleine Werte von φ klein; gemittelt über alle Winkel kann man für $\overline{hv}$ schreiben [6]

$$\overline{hv} = \frac{\sigma_{Str}}{\sigma_c} (hv)_o \tag{1c}$$

(σ_{Str} Compton-Streukoeffizient, σ_c Compton-Schwächungskoeffizient).

In Abb. 3 ist $\overline{hv}$ gegen $(hv)_o$ gemäß (1c) gezeichnet. Insgesamt bewirkt die Streuung, daß

1.) Eine gegenüber dem Quellspektrum höhere Intensität energieärmerer Photonen aufgebaut wird,
2.) Die ursprüngliche Richtung, aus der die Photonen kommen, verwischt wird.

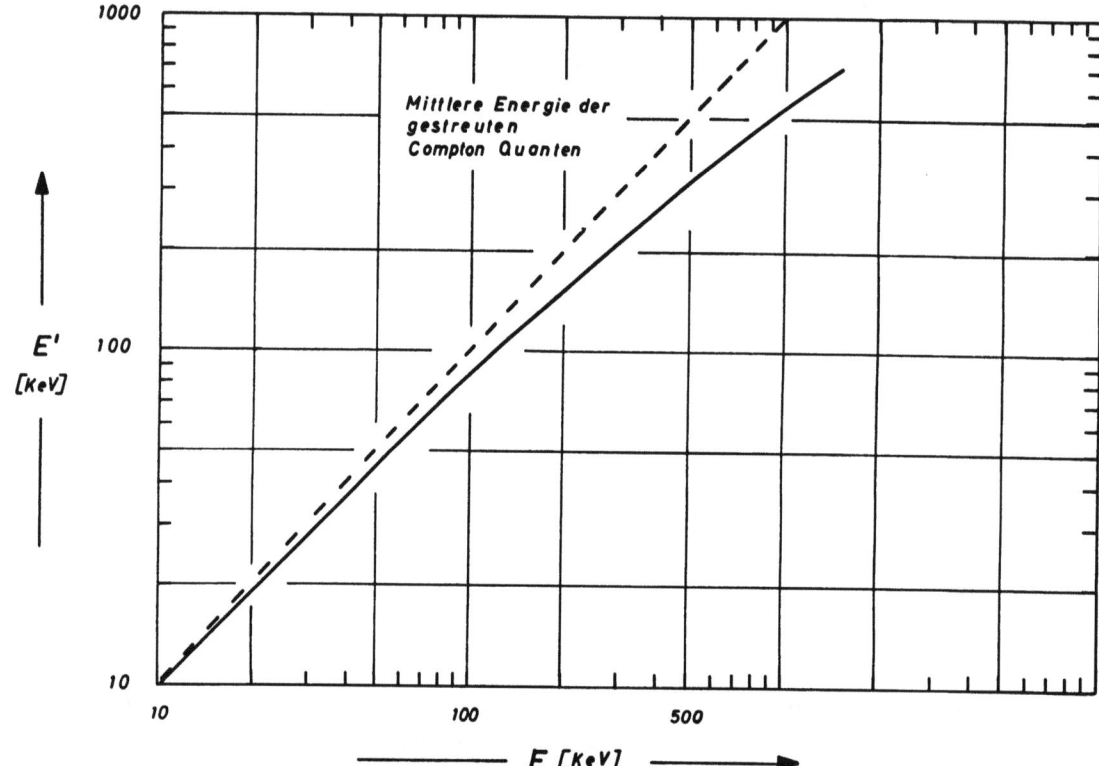

Abb. 3: Mittlere Energie E' der gestreuten Compton-Photonen als Funktion der Primärenergie E der Photonen vor der Streuung.

Nun darf man annehmen, daß in einem bestimmten Raumwinkelbereich ebenso viele Photonen hineingestreut als herausgestreut werden. Mehrfach gestreute Photonen werden aber mit höherer Wahrscheinlichkeit absorbiert werden.

Bei kleinen und mittleren Photonenenergien ist die mittlere Energieänderung im Streuprozeß klein. Es wird sich also im wesentlichen als Folge der Streuung eine Intensitätsänderung ergeben und eine spektrale Umlagerung, die aber, wie man aus Abb. 3 erkennt, keine wesentliche Veränderung des Energiespektrums bewirkt. Wir stellen mithin fest, daß die Vernachlässigung der Comptonstreuung das Energiespektrum für Photonen mit Energien unter 100 keV nicht nachweisbar verändert, daß jedoch die integrale Intensität überbewertet wird. Nach unserer Schätzung liegt der letztgenannte Effekt unter 20%.

Die so erhaltene erste Näherung wird sich etwas verbessern lassen, wenn man für $x > 5\ g/cm^2$ einen Streuprozeß in Rechnung setzt. Wegen der großen freien Streuweglänge wird man so den wahren Verhältnissen bereits sehr nahe kommen. Für eine spezielle Detektorkombination ist dies in Abschnitt 4 durchgeführt.

Insgeamt wird man auf diese Weise für atmosphärische Tiefen $x \leqq 10\ g/cm^2$ eine Reduktion auf das Quellspektrum erreichen können.

Die Anwendung dieser Näherung ist aus einem weiteren Grunde gerechtfertigt. Die Ausdehnung des emittierenden Bereichs ist fast immer unbekannt. Es wird manchmal zutreffen, daß dieser Bereich von Horizont zu Horizont reicht; wenn das aber nicht zutrifft, wird die Reduktion auf das Quellspektrum ohnehin etwas unsicher bleiben. Wir kommen darauf in Abschnitt 3 noch einmal zurück.

Es ist die Absicht der vorliegenden Arbeit, eine bequeme Methode vorzuführen, wie man aus hinter Absorbern gemessenen Bremsstrahlungsspektren einigermaßen quantitativ auf das Quellspektrum zurückschließen kann. Es sei aber nochmals darauf hingewiesen, daß diese Methode im Hinblick auf die oben diskutierten Schwierigkeiten nur näherungsweise gültig ist. Die Näherung ist um so besser, je kleiner die atmosphärische Tiefe ist, in der die Messung ausgeführt wird.

2. Reduktion des gemessenen Photonen-Spektrums auf das Photonenquellspektrum

2.1 Optische Näherung für Photonen der Energie E

In einer optisch dünnen Schicht sollen n_o Photonen/cm²sec der Energie E isotrop emittiert werden. Die Photonen durchlaufen einen Absorber der Dicke R. Hinter dem Absorber erwartet man dann noch

$$n_1 = n_o\ e^{-\mu_a (E)R} \qquad (2)$$

Photonen, wo $\mu_a (E)$ der Absorptionskoeffizient für Photonen der Energie E ist.

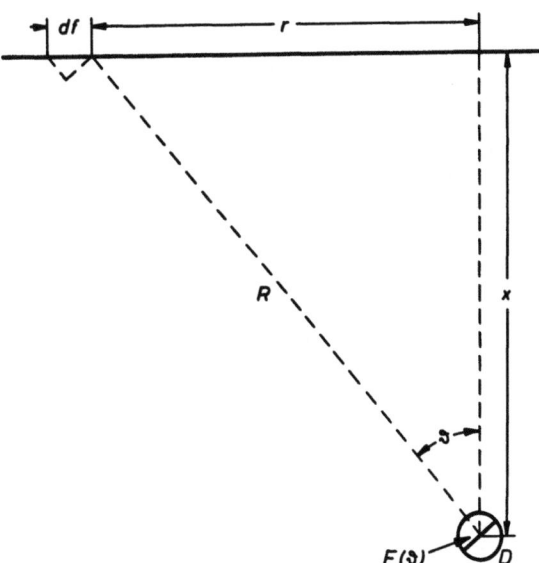

Abb. 4: Zur Reduktion des Photonenspektrums, das in der atmosphärischen Tiefe x g/cm² gemessen wird, auf das Quellspektrum.

Ein Detektor habe die spektrale Empfindlichkeit $\varepsilon(E)$. Diese sei im betrachteten Energiebereich ε = konst = 1. Sein Geometriefaktor G für isotrope Strahlung aus dem oberen Halbraum werde beschrieben durch

$$G_i = 2\pi F^* \qquad (3)$$

wo F^* die Querschnittsfläche einer Kugel gleicher Oberfläche mit dem Detektor ist [10]. Dann kann man für dessen Zählrate schreiben

$$N = \frac{n_o}{4\pi} \int H(x,\vartheta)\ d\Omega\ df \qquad (4)$$

Die Integration ist über den oberen Halbraum ($d\Omega$) und die Erzeugungsschicht (df, Abb. 4) zu erstrecken. Die Funktion $H(x,\vartheta)$ enthält alle von x, der atmosphärischen Tiefe, in der sich der Detektor befindet, und von ϑ, dem Zenitwinkel, abhängenden

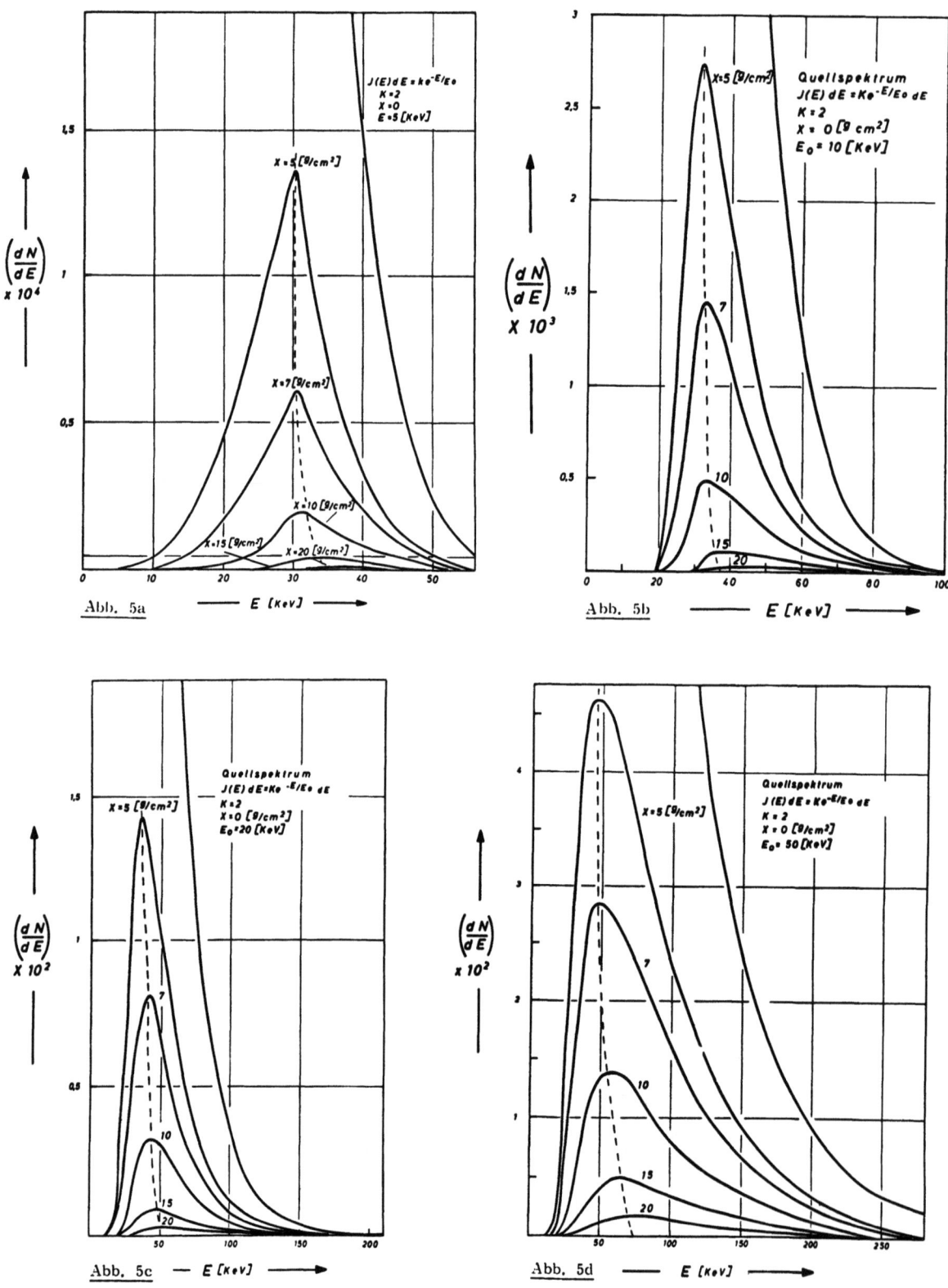

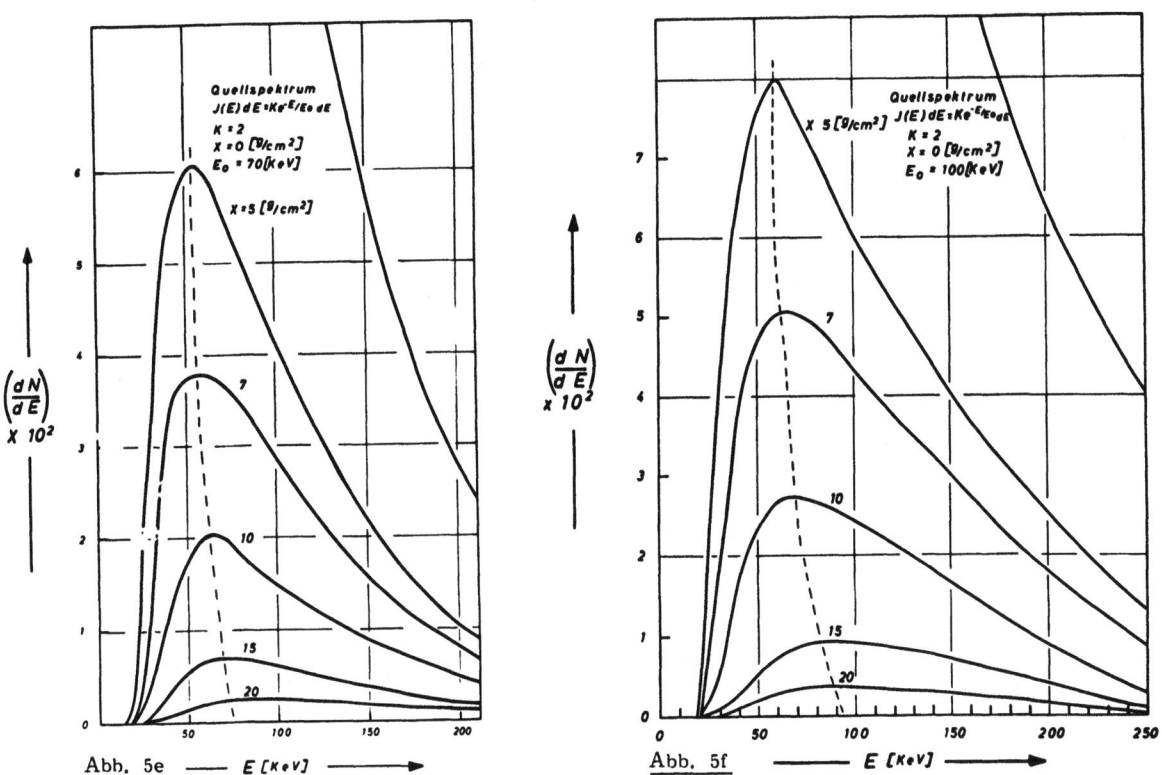

Abb. 5a - f: Differentielle Photonen-Energiespektren hinter verschiedenen Absorberdicken für verschiedene exponentielle Quellspektren.

Größen. Ausführlich also, wegen $r = tg\vartheta$, $R = x/cos\vartheta$, $F(\vartheta) = F^*$, $df = 2\pi\, rdr\, cos\vartheta$, (Abb. 4) mit (2) und (3)

$$\Delta N(E, x) = \frac{n_o}{4\pi} \cdot 2\pi\, F^* \int_0^{\pi/2} e^{-\mu_a(E)x\,sec\vartheta} \frac{x^2\, tg\vartheta\, cos^3\vartheta}{x^2\, cos^2\vartheta}\, d\vartheta \qquad (5)$$

und daraus

$$\Delta N(E, x) = \frac{n_o}{4\pi}\, G_i \varepsilon\, \mathcal{E}_1 [\mu_a(E) \cdot x] \qquad (6)$$

(Gross-Transformation), wo

$$\mathcal{E}_1(\zeta) = \zeta \int_\zeta^\infty \frac{e^{-s}\, ds}{s^2} \qquad (6a)$$

das Gold-Integral ist.

Die Gross-Transformation reduziert die in einer gewissen Tiefe x g/cm^2 gemessene unidirektionale Intensität $n(x,\vartheta)$ auf die Vertikalintensität $n_v(x)$

$$n(x,\vartheta) = n_v(x)\, e^{-\mu x(sec\vartheta - 1)}$$
$$n_v(x) = n_o\, e^{-\mu x} \qquad (6b)$$

(6b) gibt dann die Zenit-Winkelverteilung der Strahlung an.

2.2 Erweiterung auf ein Quellspektrum

Für ein Quellspektrum der Photonen, das wir in der Form

$$J(E)\,dE = k' e^{-E/E_0}\,dE \tag{7}$$

ansetzen wollen, erhalten wir aus (6) die differentielle Zählrate eines Detektors für Photonen im Energiebereich E... E+dE zu

$$\Delta N(E, E_0, x) = J(E, E_0)\,\Delta N(E, x) \tag{8}$$

und daraus die integrale Zählrate

$$N(>E_1, E_0, x) = \int_{E_1}^{\infty} \Delta N(E, E_0, x)\,dE \ . \tag{8a}$$

Abb. 6a

Abb. 6b

Abb. 6c

Abb. 6d

Abb. 6e

Abb. 6f

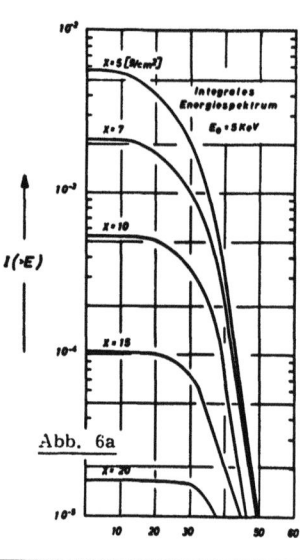

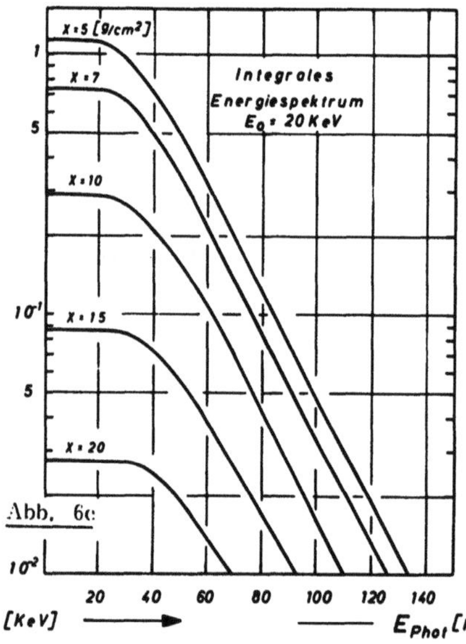

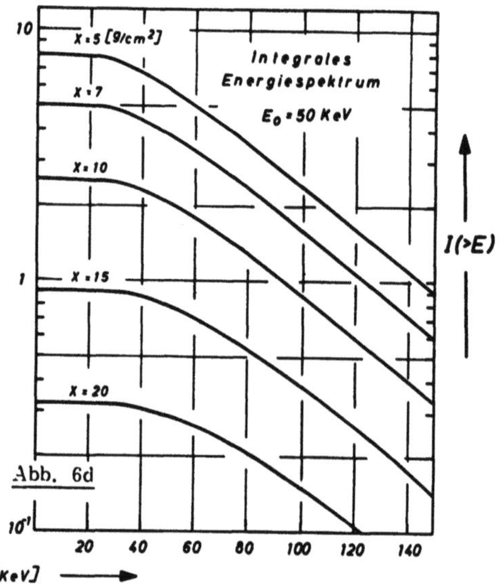

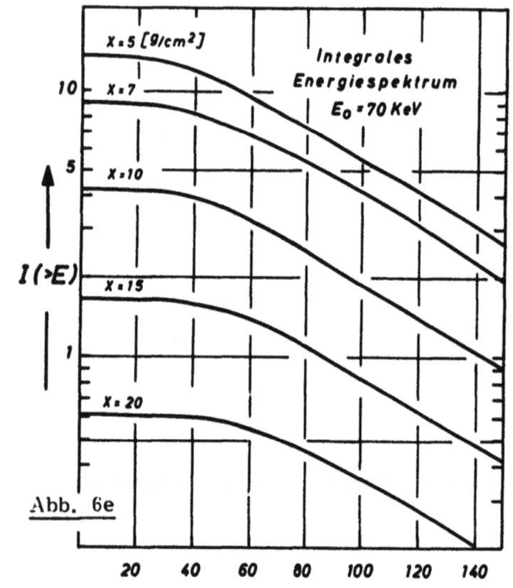

Abb. 6a - f: Integrale Photonen-Energiespektren hinter verschiedenen Absorberdicken für verschiedene exponentielle Quellspektren.

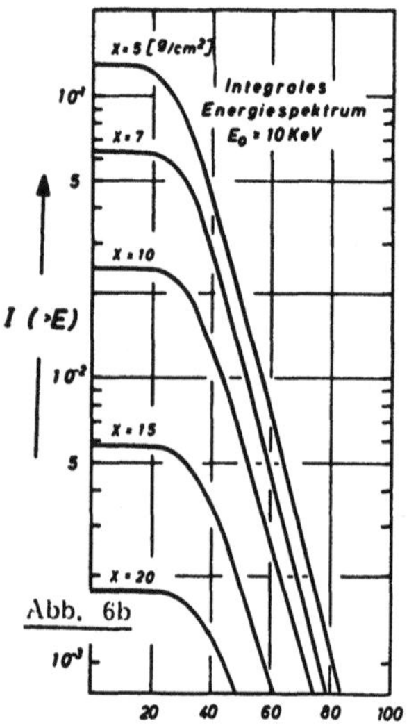

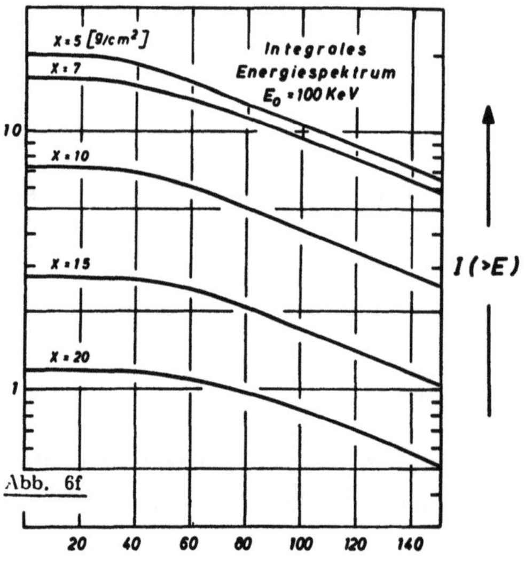

Die so erhaltenden differentiellen Energiespektren (8) sind in Abb. 5a - 5f für die Werte des Spektralparameters E_o = 5, 10, 20, 50, 70, 100 keV und die Tiefen x = 5, 7, 10, 15 g/cm^2 wiedergegeben. Die nach (8a) durch graphische Integration ermittelten integralen Spektren sind in Abb. 6a - 6f wiedergegeben.

2.3 Messungen mit Szintillationszählern

In unserem Hause wurden und werden NaJ (Tl)- Szintillationszähler verwendet, wie sie bereits von WAIBEL [22] beschrieben wurden. (Eine Abbildung der gegenwärtig verwendeten Modifikation findet man bei PFOTZER [18] (Fig. 5 ibidem)). Sie sind mit Schwellendiskriminatoren ausgerüstet, deren äquivalente Energieschwellen auf 20, 40, 100 und 500 keV festgelegt wurden.

Um den Aufbau der Sonden möglichst einfach zu halten, wurde von einer Flug-Eichung abgesehen. Temperatur-bedingte Änderungen der Eigenschaften von Photomultiplier und Szintillator wurden weitgehend ausgeschlossen durch thermische Stabilisierung der Sonde. Dies wurde erreicht durch Auskleidung des Sondeninneren mit aluminisierten Folie zur Verminderung der Strahlungsverluste und durch Heizung. Zu diesem Zweck wurde eine Batterie verwendet, die zusätzlich zur elektrischen Leistung etwa 10 W Wärme erzeugte. So ließen sich auch bei Nachtflügen verwertbare spektrale Informationen gewinnen.

Bei der Auswertung der Messungen mit Szintillationszählern interessieren die absoluten Zählraten i.a. weniger als vielmehr Zeitstrukturen und spektrale Variationen. Wir wollen uns hier ausschließlich mit den letzteren beschäftigen. Ziel dieser Untersuchung ist, auf einfache Weise aus den vorliegenden Messungen gewisse Hilfsparameter abzuleiten, die geeignet sind, das Quellspektrum zu charakterisieren. Diese Parameter sollen in weiteren Arbeiten dazu dienen, statistische Aussagen über spektrale Tagesgänge u.ä. zu gewinnen. Auf diese Weise hoffen wir, die in Abschnitt 1 erwähnten prinzipiellen Schwierigkeiten zu umgehen. Man wird jedoch bemüht sein müssen, der Reduktion der Spektren durch Gewinnung zusätzlicher Informationen einen höheren Grad an Sicherheit zu geben, indem die Intensität der Röntgenstrahlung in Abhängigkeit vom Zenitwinkel gemessen wird oder, indem Messungen der Absorption des kosmischen Radiorauschens mit Riometern (Relative Ionospheric Opacity Meter) zu Aussagen über die räumliche Ausdehnung bzw. Position der Quellgebiete herangezogen werden.

Wir wollen vereinfachend die im Bereich zwischen 20 und 200 keV mit der Energie schwach variierende Empfindlichkeit des NaJ-Zählers als konstant annehmen und sie gleich 1 setzen (Abb. 7). Dann ergibt sich die Zählrate[*] der einzelnen Kanäle aus (8) zu

$$N_1 (E_o, x) = k \int_{20 keV}^{\infty} e^{-E/E_o} \mathcal{E}_1 [\mu(E)x]\ dE \qquad (9a)$$

$$N_2 (E_o, x) = k \int_{40 keV}^{\infty} e^{-E/E_o} \mathcal{E}_1 [\mu(E)x]\ dE \qquad (9b)$$

$$N_3 (E_o, x) = k \int_{100 keV}^{\infty} e^{-E/E_o} \mathcal{E}_1 [\mu(E)x]\ dE \qquad (9c)$$

$$N_4 (E_o, x) = k \int_{500 keV}^{\infty} e^{-E/E_o} \mathcal{E}_1 [\mu(E)x]\ dE \qquad (9d)$$

k ist hier als Konstante angesetzt $k = (k'n_o/4\pi)\ G_i \varepsilon$.

---

[*] Unter "Zählrate" wird hier immer nur der der Röntgenstrahlung zuzuordnende Teil der Gesamtzählrate verstanden, d.h. der von der kosmischen Strahlung herrührende Untergrund ist von der gemessenen Zählrate abgezogen zu denken.

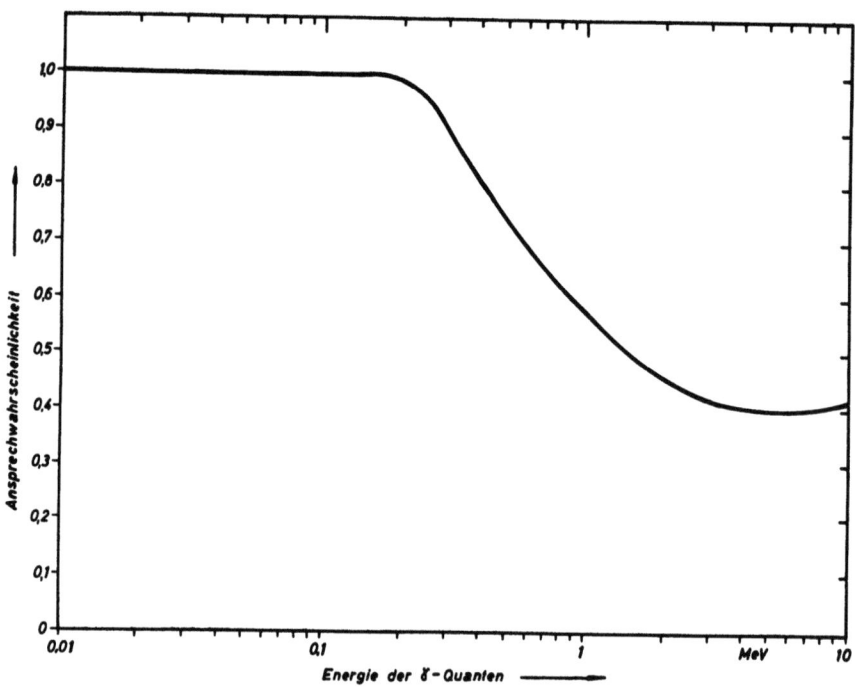

Abb. 7: Empfindlichkeit eines Szintillationszählers mit einem 4 cm dicken NaJ (Tl)-Kristall bei senkrechtem Einfall in Abhängigkeit von der Energie der Röntgenstrahlung (nach WAIBEL [22]).

Die relativen Werte der Integrale (9) ergeben sich unmittelbar aus (8a) bzw. Abb. 6.

Aus den in (9) definierten Zählraten werden Hilfsparameter abgeleitet. Da praktisch kaum Photonen mit Energien E > 500 keV vorkommen, kann N_4 außer Betracht bleiben. Somit kann man drei Quotienten bilden.

$$\beta_{12} = \frac{N_1(E_o, x)}{N_2(E_o, x)} \tag{10a}$$

$$\beta_{23} = \frac{N_2(E_o, x)}{N_3(E_o, x)} \tag{10b}$$

$$\beta_{13} = \frac{N_1(E_o, x)}{N_3(E_o, x)} \tag{10c}$$

In Abb. 8 sind diese Hilfsparameter als Funktion von E_o für verschiedene x aufgetragen. Aus Abb. 8 kann man nun für einen in der bekannten atmosphärischen Tiefe x g/cm^2 gemessenen Wert von β_{ik} das zugehörige E_o ermitteln. Ergeben sich für die β_{ik} verschiedene Werte E_o, so heißt das, daß sich das Quellspektrum nicht im ganzen Energiebereich durch eine Exponentialfunktion darstellen läßt.

Man wird dann aus β_{12} einen Spektralparameter E_o' ableiten, der im unteren Energiebereich (E > 20 keV) und aus β_{23} ein E_o'', das im oberen Energiebereich (E ≳ 60 keV) gilt. Der aus β_{13} abgeleitete Parameter E_o''' wird dann etwa einen Mittelwert aus E_o' und E_o'' darstellen. Mit seiner Hilfe läßt sich die Energie $\hat{E}$ bestimmen, unterhalb der E_o' und oberhalb der E_o'' gilt. In normierter Schreibweise gilt nämlich dann für das Quellspektrum

$$\frac{1}{E_o'''} \int_{20}^{\infty} e^{-E/E_o'''} dE = \frac{1}{E_o'} \int_{20}^{\hat{E}} e^{-E/E_o'} dE + \frac{1}{E_o''} \int_{\hat{E}}^{\infty} e^{-E/E_o''} dE \quad (10d)$$

oder:

$$e^{-\frac{20}{E_o'''}} - e^{-\frac{20}{E_o'}} = e^{-\hat{E}/E_o''} - e^{-\hat{E}/E_o'} \quad . \quad (10e)$$

Aus (10e) läßt sich $\hat{E}$ bestimmen.

Um wirkliche spektrale Änderungen von vorgetäuschten unterscheiden zu können, wurde der Effekt abgeschätzt, den man zu erwarten hat, wenn ein räumlich begrenztes leuchtendes Gebiet in der atmosphärischen Tiefe $x = 0$ g/cm^2 vom Horizont auf den Zenit zu wandert. Dabei wurde angenommen, daß sich das (isotrop) emittierte Photonenspektrum nicht ändert. Das Gebiet soll so klein sein, daß $df = \Delta f$ = konstant angenommen werden kann, außerdem soll näherungsweise der Integrand (5) für ein bestimmtes ϑ über Δf als konstant angesehen werden. Der Integrand von Gl. (5) wurde unter diesen Annahmen für verschiedene Zenitwinkel und verschiedene Quellspektren berechnet. Daraufhin wurden, wie oben beschrieben, die Hilfsparameter β_{ik} für verschiedene Spektralparameter E_o berechnet, allerdings nur für $x = 10$ g/cm^2.

Das Ergebnis zeigt Abb. 9. Aus Abbn. 8 und 9 wurde aus dem für verschiedene Zenitwinkel bestimmten Hilfsparameter β_{12}' der Spektralparameter E_o abgeleitet, auf den man aus den Messungen schließen würde, wenn man nicht wüßte, daß sich eine flächenmäßig kleine "leuchtende" Schicht auf den Zenit zu bewegt, vielmehr den für unendlich ausgedehnte Schichten abgeleiteten Hilfsparameter β_{12} ohne Einschränkung anwenden würde (Abb. 10).

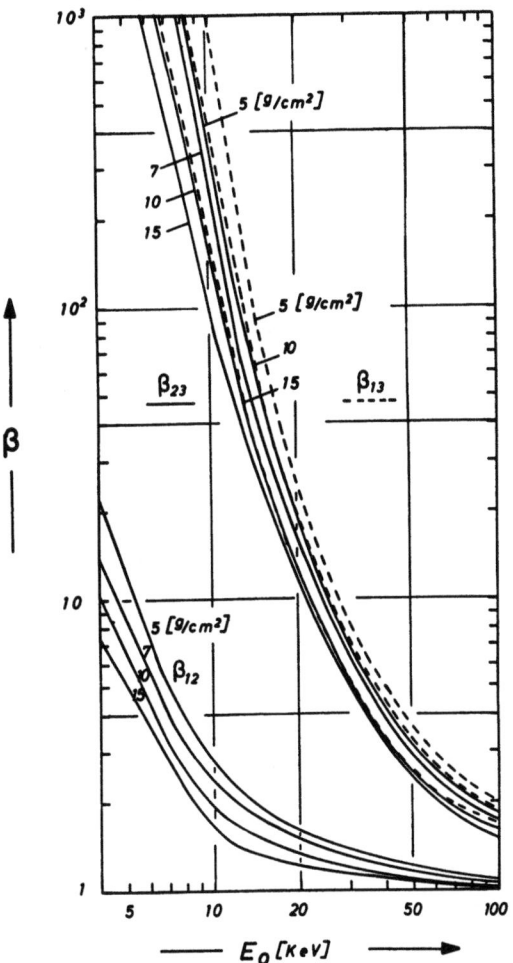

Abb. 8: Die Hilfsparameter β_{ik} als Funktion des Spektralparameters E_o für verschiedene atmosphärische Tiefen x.

Man erkennt, daß der scheinbare spektrale Effekt bei flachen (härteren) Quellspektren absolut größer ist als bei steilen (weicheren). Allerdings müßte man unter diesen Voraussetzungen bei Bewegung einer Quelle konstanter Emissionsstärke von z.B. $\vartheta = 60°$ nach $\vartheta = 0°$ eine Steigerung der Intensität erwarten.

Befindet sich nämlich ein Detektor in einer atmosphärischer Tiefe von 5 g/cm^2, so müßte die Intensität bei einem Quellspektrum mit einem $E_o = 10$ keV für E >20 keV um einen Faktor 5, für ein $E_o = 50$ keV um einen Faktor 3 zunehmen. Ein Detektor in 10 g/cm^2 würde für $E_o = 10$ keV eine Intensitätsänderung um einen Faktor 10, für $E_o = 50$ keV um einen Faktor 8 messen.

Solche Driften kennt man aus Nordlichtbeobachtungen; sie sind üblicherweise von der Ordnung einige Grad/sec. Eine Entscheidung, ob es sich um wirkliche spektrale Effekte oder um vorgetäuschte handelt, ist dann nicht ohne weiteres möglich, wenn sich zugleich Intensitätsänderungen mit Zeitkonstanten von

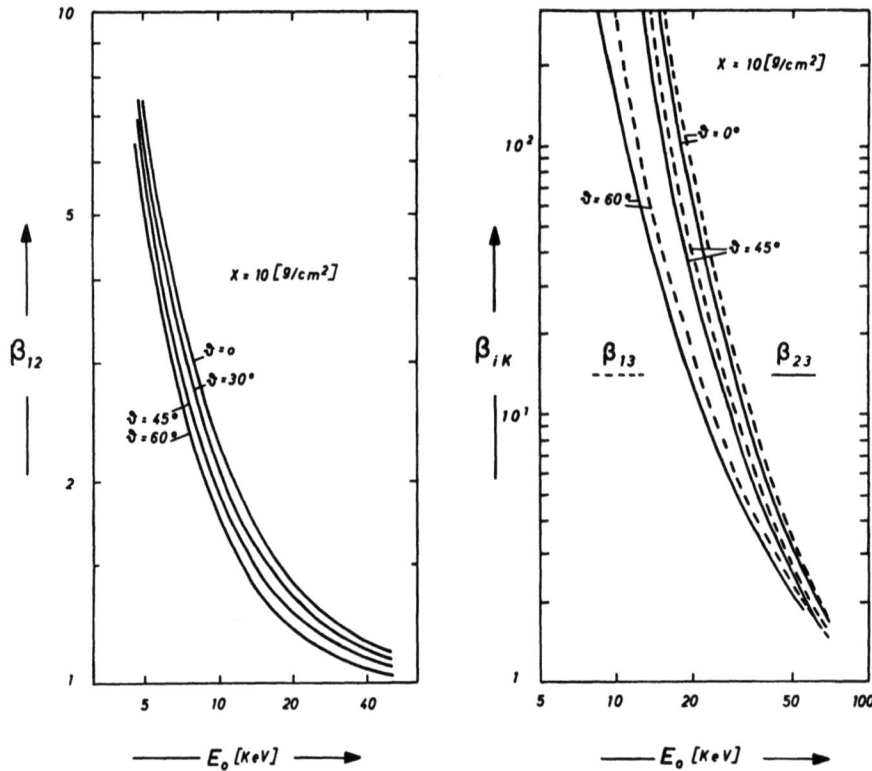

Abb. 9a: Die Hilfsparameter β_{ik} für Punktquellen in Funktion des Spektralparameters E_o für exponentielle Quellspektren in verschiedenen Zenitdistanzen ϑ (x = 10 g/cm²).

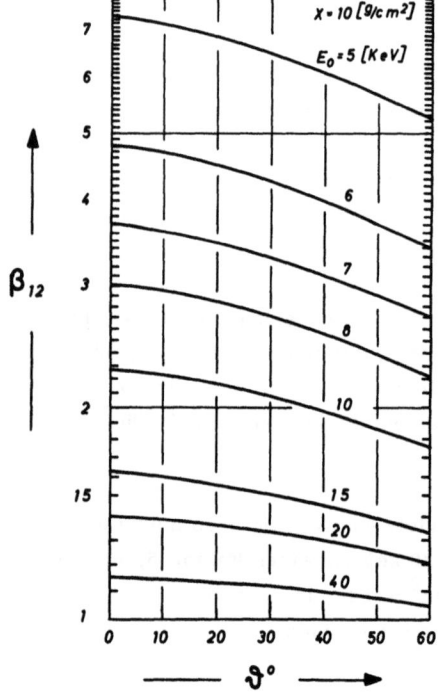

Abb. 9b: Wie 9a, für $\beta_{12}(\vartheta)$ und verschiedene Quellspektren (x = 10 g/cm²)

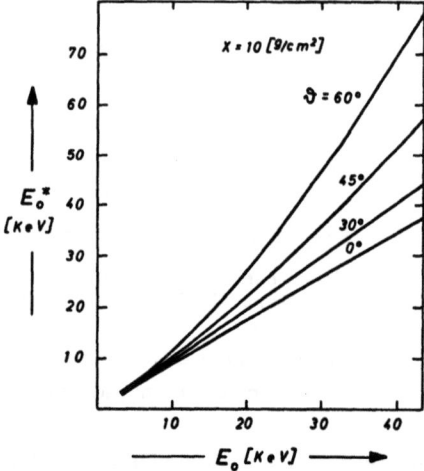

Abb. 10: Abschätzung des scheinbaren spektralen Effektes der von der Bewegung eines kleinen leuchtenden Gebietes herrührt. Abgeleitet aus β_{12} (Abb. 8 und 9) als Funktion des Quellspektrums für verschiedene Zenitdistanzen ϑ.

einigen Minuten vollziehen. Auf jeden Fall aber muß dieser Effekt z.B. durch Heranziehen anderer Messungen diskutiert werden, ehe man spektrale Aussagen macht.

3. Elektronenbremsstrahlung

Die Röntgenstrahlung, mit der wir uns hier beschäftigen, wird in der Atmosphäre als Bremsstrahlung von Elektronen emittiert, die auf die hohe Atmosphäre treffen. Bremsstrahlung von Protonen und schweren Teilchen ist hier ohne Interesse, da der Wirkungsquerschnitt für die Erzeugung von Bremsstrahlung umgekehrt proportional zum Quadrat der Masse der Primärteilchen ist; außerdem drückt bei positiv geladenen Teilchen deren Ladung den Wirkungsgrad des Prozesses noch weiter hinab.

Die Richtungsverteilung der Elektronen, die sich auf Spiralbahnen längs der magnetischen Kraftlinien (die in der Nordlichtzone praktisch senkrecht auf der Erdoberfläche stehen) bewegen, ist isotrop, wie O'BRIEN [16] durch Messungen mit dem Satelliten Injun III in einigen Fällen zeigen konnte. Selbst wenn die Richtungsverteilung der Elektronen anisotrop sein sollte, so wird diese doch durch Vielfachstreuung der Elektronen im Absorber sehr rasch verwischt. Die spektrale Verteilung in irgendeiner Richtung sollte danach in jedem Falle der über alle Richtungen gemittelten Verteilung sehr nahe sein [21].

Die Annahme von Isotropie für die Primär-Elektronen ist daher stets gerechtfertigt.

Die Winkelverteilung der Bremsstrahlung hängt von der Energie der Elektronen ab; langsame Elektronen strahlen bevorzugt senkrecht zu ihrer Bewegungsrichtung; mit zunehmender Energie wird die Strahlung in einen enger werdenen Kegel in Flugrichtung des Elektrons emittiert. Bei isotroper Richtungsverteilung der Primärelektronen wird demnach auch die Richtungsverteilung der Bremsstrahlung in der Erzeugungsschicht annähernd isotrop sein ("Quellspektrum" der Protonen), so daß man ganz grob beim Schluß von der gemessenen integralen Photonenintensität auf den Elektronenfluß einen Faktor 2 ansetzen kann, der zugleich den Bruchteil rückgestreuter Elektronen berücksichtigen soll, die noch keine Bremsstrahlung emittiert haben.

Der Zusammenhang zwischen Photonenquellspektrum und Elektronenspektrum wurde von ANDERSON [2] kürzlich ausführlich dargestellt. Da die Arbeit nicht allgemein zugänglich ist, wollen wir den Gang der Rechnung in Anlehnung an ANDERSON hier kurz wiedergeben.

Das differentielle Photonenspektrum $dn(E)/d(E)$ ist mit dem differentiellen Energiespektrum der Elektronen $dN(T)/dT$ über eine Integralgleichung verknüpft:

$$\frac{dn(E)}{dE} = \int_0^\infty K(E,T) \frac{dN(T)}{dT} dT \quad . \tag{11}$$

Die linke Seite dieser Gleichung ist aus der Messung nach Reduktion auf die Erzeugungsschicht (Abschnitt B) bekannt. $K(E,T)$ ist eine Funktion, die theoretisch bestimmt werden muß.

Ein Elektron der Energie T erzeugt längs seiner Bahn dx im Absorber, dessen Atomdichte N (Atome/cm^3) beträgt

$$\frac{d\sigma(E,T)}{dE} \cdot dE \cdot N \cdot dx \tag{12a}$$

Photonen der Energie E im Energieintervall $E \ldots (E + dE)$, wenn $d\sigma(E,T)$ der differentielle Wirkungsquerschnitt für die Erzeugung von Bremsstrahlung ist.

Das Elektron ändert seine Energie längs dx um dT; mithin kann man für die Zahl der Photonen dn auch schreiben

$$\Delta(dn(E,T)) = \frac{d\sigma(E,T)}{dE} \cdot dE \cdot N \cdot \frac{dx}{dT} \cdot dT \quad . \tag{12b}$$

Ein Elektron der Anfangsenergie T_o hat also, bis es zur Ruhe gekommen ist, $dn(E, T_o)/dE$ Photonen im Energiebereich $E \ldots E + dE$ erzeugt:

$$\frac{dn(E, T_o)}{dE} = \int_0^{T_o} \frac{d\sigma(E,T)}{dE} \cdot \frac{N}{-\left(\frac{dT}{dx}\right)} \, dT \quad . \tag{13a}$$

Folgende Bedingungen müssen überdies erfüllt sein:

$$\begin{aligned} \frac{d\sigma(E,T)}{dE} &= 0 \quad \text{für } E > T \\ \frac{dn(E, T_o)}{dE} &= 0 \quad \text{für } E > T_o \end{aligned} \tag{13b}$$

ANDERSON geht weiter von einem von GREENE [7] angegebenen Wirkungsquerschnitt für nicht relativistische Elektronen aus, für den spezifischen Energieverlust von der BETHE-ASHKIN-Formel [3]. Auf diese Weise findet er eine Integraldarstellung für $K(E, T_o)$, die numerisch für verschiedene Werte T_o integriert wurde. Dann ergibt sich aus (11) mit $K(E, T)$ bei bestimmten Annahmen über das Elektronspektrum $dN(T)/dT$ das differentielle Photonenquellspektrum $dn(E)/dE$. Um die Rechnung zu vereinfachen, gibt ANDERSON für $K(E, T)$ noch eine Reihenentwicklung an

$$K(E,T) = C \cdot \sum_{n=o}^{m} a_n(E) \, T^n \tag{14}$$

$C = (8/3 \pi) \cdot (1/(mc^2)^2) \cdot (1/\alpha Z) = 6,13 \cdot 10^{-5}$ ist eine Konstante, wobei $Z_{Luft} = 7,22$ und $mc^2 = 511$ keV eingesetzt wurde. $\alpha = 1/137$ ist die Feinstrukturkonstante.

Eine Entwicklung bis zum Glied $m = 3$ hält er für ausreichend. In Tabelle 2 geben wir die $a_n(E)$ nach ANDERSON wieder.

Tabelle 2

Koeffizienten zur polynomischen Approximation der Erzeugungsfunktion für Bremsstrahlung in dicken Absorbern (nach ANDERSON [2])

E(keV)	a_o	a_1	a_2	a_3
10	- 0,2658	$2,439 \cdot 10^{-2}$	$8,409 \cdot 10^{-5}$	$- 1,494 \cdot 10^{-7}$
25	- 0,1610	$5,451 \cdot 10^{-3}$	$3,498 \cdot 10^{-5}$	$- 5,637 \cdot 10^{-8}$
50	- 0,1115	$1,533 \cdot 10^{-3}$	$1,322 \cdot 10^{-5}$	$1,504 \cdot 10^{-8}$
100	- 0,02333	$- 5,676 \cdot 10^{-4}$	$9,022 \cdot 10^{-6}$	$- 1,095 \cdot 10^{-8}$
200	- 0,001411	$- 3,476 \cdot 10^{-4}$	$1,693 \cdot 10^{-6}$	0

ANDERSON [2] hat Bremsstrahlungsspektren für Elektronenspektren der Form

$$\frac{dN(T)}{dT} \sim T^{-\gamma}$$

für verschiedene γ berechnet. Wir geben die Resultate seiner Rechnung in Abb. 11 wieder (Fig. 8 in [2]).

Abb. 12 zeigt — der Vollständigkeit halber — Bremsstrahlungsspektren für monoenergetische Elektronen, die von J. E. KASPER (unpubliziertes Manuskript) berechnet wurden (die Abbildung wurde einer Arbeit von PETERSON [17] entnommen). KASPERs Spektren stimmen im wesentlichen mit den von ANDERSON [2] berechneten überein, sind aber für eine größere Zahl von Elektronenenergien ausgeführt worden.

Wir haben Bremsstrahlungsspektren für exponentielle Elektronen-Energiespektren berechnet. Abb. 12 zeigt einige differentielle Photonenquellspektren für exponentielle Elektronenspektren. Sie wurden nach (11) mit (14) bestimmt.

Das primäre Elektronenspektrum wurde dabei in der Form

$$\frac{dN(T)}{dT} = A e^{-T/T_o}$$

angesetzt. Daraus ergibt sich dann

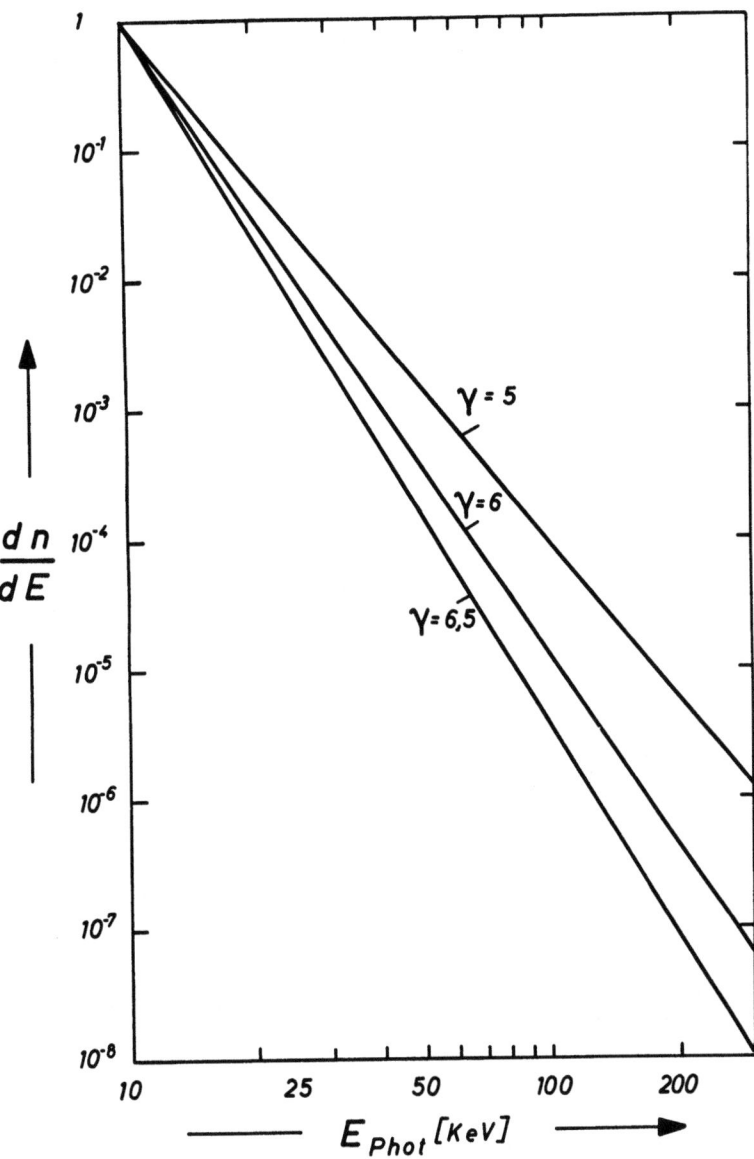

Abb. 11: Differentielle Bremsstrahlungsspektren für Potenzspektren der Primärelektronen in Luft (entnommen: ANDERSON [2], Fig. 8).

$$\frac{dn(E)}{dE} = A \cdot C \cdot \int_E^\infty \sum_{n=0}^{3} a_n(E) \, T^n \, e^{-T/T_o} \, dT$$

$$= A \, T_o \, e^{-E/T_o} \cdot C \left[a_0 + a_1 (E + T_o) + a_2 (E + T_o)^2 + a_3 (E + T_o)^3 + \right.$$

$$\left. + T_o^2 (a_2 + a_3 (3E + 5T_o)) \right] \quad . \tag{16}$$

Man kann die Elektronenspektren einfach so normieren, daß

$$A \int_0^\infty e^{-T/T_o} \, dT = 1 \tag{17}$$

wird. Dann muß man $A = 1/T_o$ wählen.

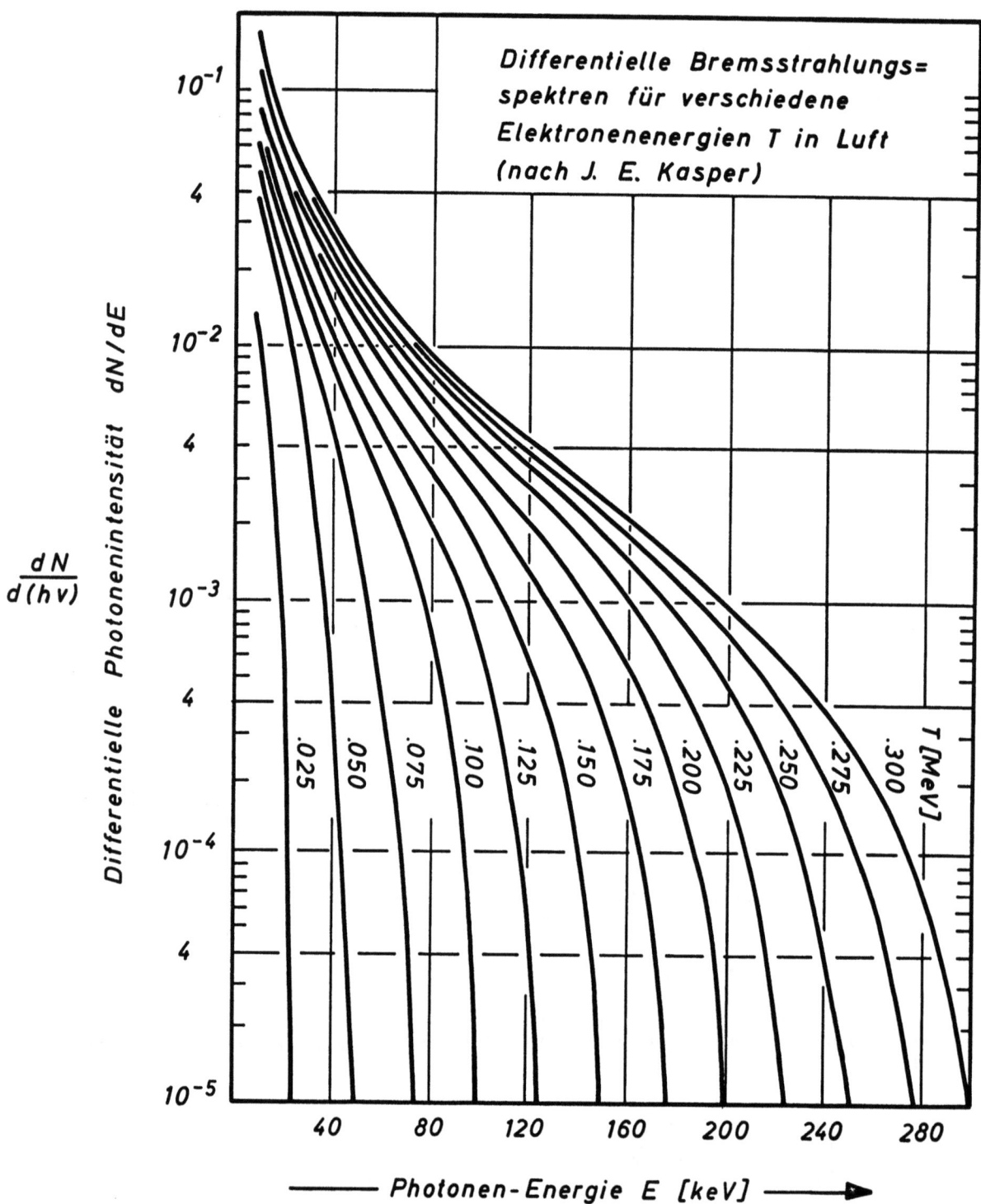

Abb. 12: Differentielle Bremsstrahlungsspektren monoenergetischer Elektronen in der Luft (nach J.E. KASPER, entnommen PETERSON [17]).

Unter dieser Annahme wurden die in Abb. 13 gezeigten Bremsstrahlungsspektren gerechnet. Diese Spektren entsprechen dem, was in Abschnitt 2 als Quellspektrum der Photonen bezeichnet worden war. (In Abb. 13 ist genauer $(1/C) \cdot dn/dE$ als Ordinate aufgetragen).

Um nun an Hand der aus den Messungen gewonnenen Spektralparametern E_{o1} und E_{o2} (vgl. Abschnitt 2. 3) auf das Primärelektronenspektrum schließen zu können, wurden die in Abb. 13 gezeigten Quellspektren in geeigneten Energieintervallen durch Exponentialfunktionen angenähert. Das ließ sich in den Energiebereichen $20 \leq E \leq 60$ keV, $40 \leq E \leq 100$ keV und $100 \leq E \leq 200$ keV in guter Näherung erreichen.

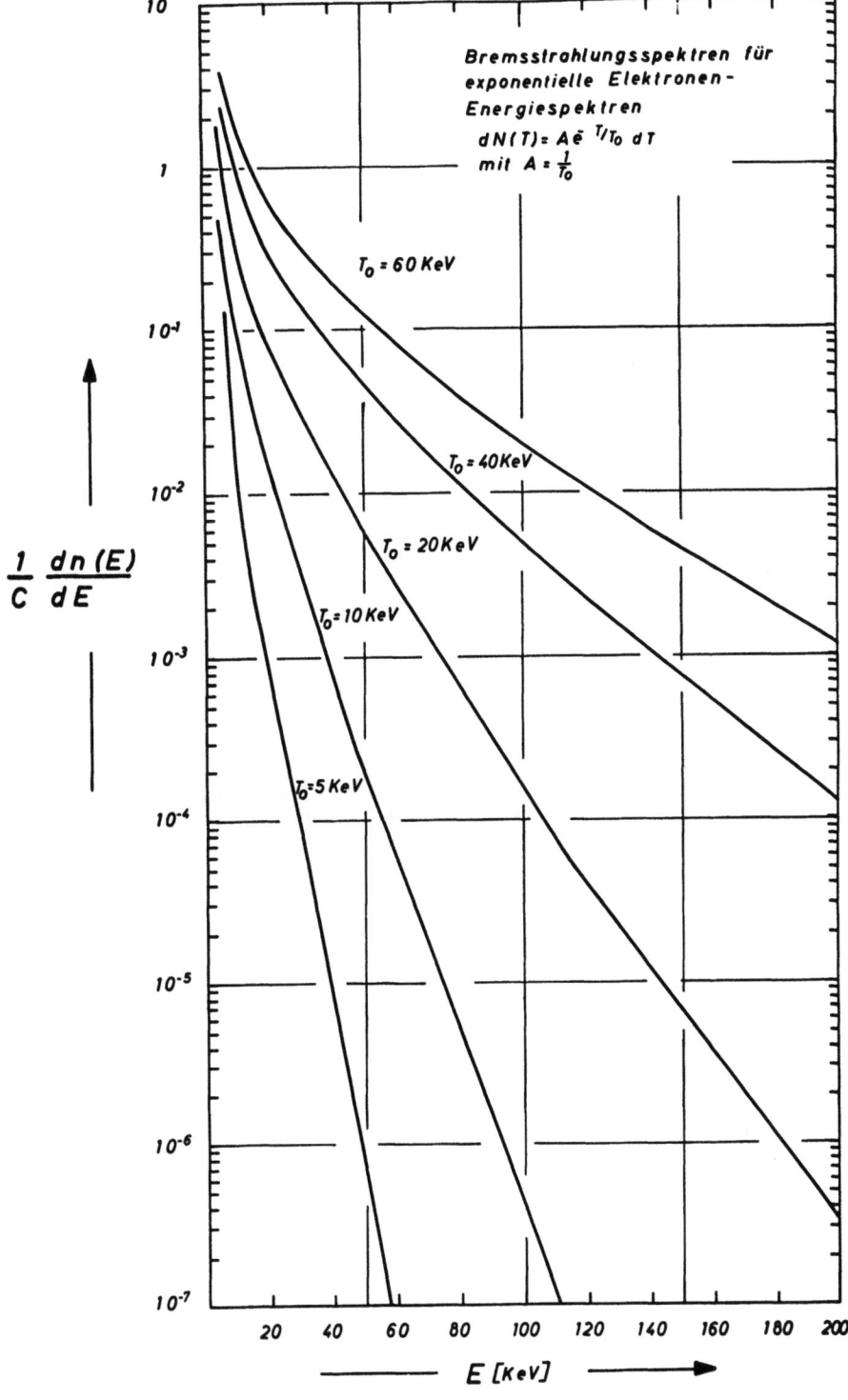

Abb. 13: Differentielle Bremsstrahlungsspektren für Exponentialspektren der Primärelektronen in Luft.

Wir stellen also das Bremsstrahlungsspektrum abschnittsweise durch Exponentialfunktionen mit Spektralparameter E_{oi} (i=1, 2, 3) dar. E_{o1} und E_{o2} entsprechen aber zugleich den aus den Messungen gewonnenen Spektralparametern. An Hand von Abb. 13 lassen sich die E_{oi} bestimmten Werten des Elektronen-Spektralparameters T_o zuordnen. Das ist in Abb. 14 geschehen.

Wir haben damit also eine einfache Möglichkeit, aus den Messungen in Ballonhöhe unmittelbar auf das primäre Elektronenspektrum zu schließen. Wir fassen das Verfahren noch einmal kurz zusammen:

1.) Aus den Szintillationszählermessungen werden die Hilfsparameter β_{ik} gebildet.

2.) Aus Abb. 8 entnimmt man die zugehörigen Spektralparameter E_{oi} und ermittelt gemäß (10e) den Wert $\hat{E}$, die Grenzenergie, oberhalb welcher E_{o2}, unterhalb welcher E_{o1} das Quellspektrum beschreibt, wenn die E_{oi} verschieden sind.

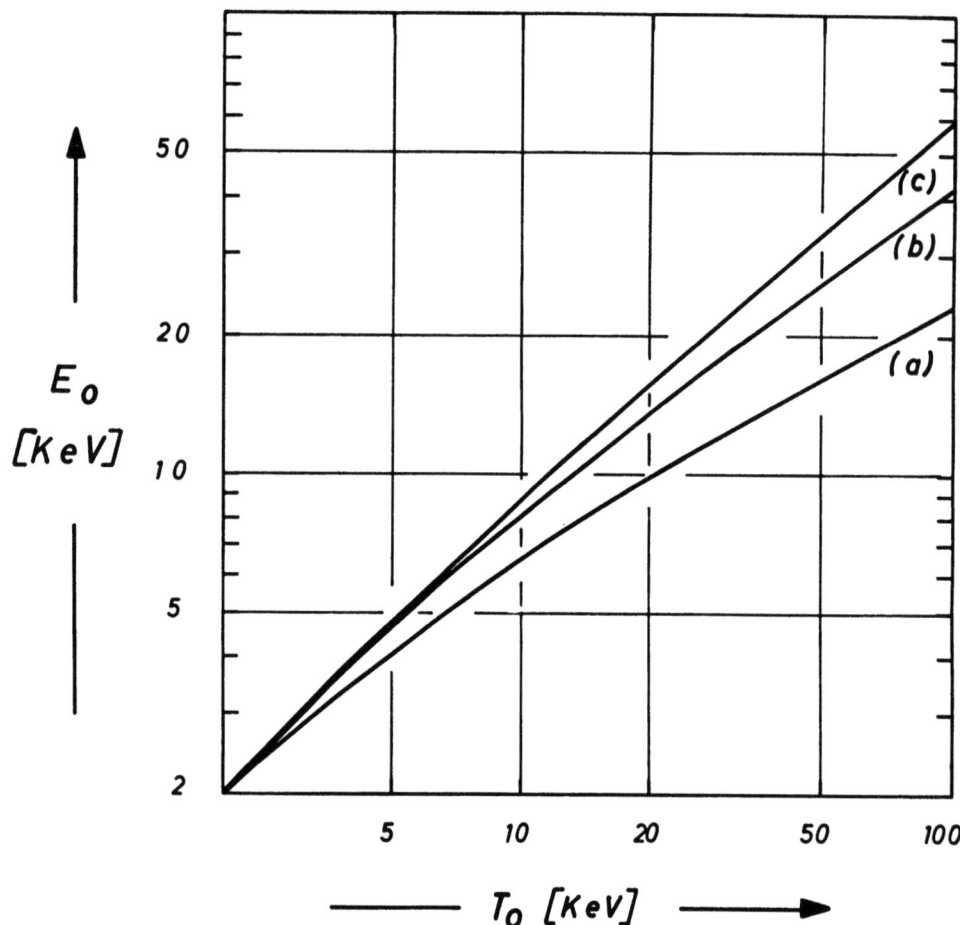

Abb. 14: Zur Ermittlung des Primärelektronenspektrums aus Bremsstrahlungsspektren: Die in Abb. 13 gezeigten Bremsstrahlungsspektren wurden für Photonen mit Energien E in den Bereichen $20 \leq E \leq 60$ keV (Kurve a), $40 \leq E \leq 100$ keV (Kurve b) und $E > 100$ keV (Kurve c) durch Exponentialfunktionen angenähert. Deren Spektralparameter E_{oi} entspricht den nach Abschnitt B aus den Messungen ermittelten Spektralparametern und ist hier gegen den Spektralparameter des Primärelektronenspektrums T_o aufgetragen (vgl. Text).

3.) Aus Abb. 14 entnimmt man für die so ermittelten E_{oi} – für E_{o1} aus Kurve (a), für E_{o2} aus Kurve (b) – die zugehörigen Spektralparameter T_{oi} des Elektronenspektrums. Fallen T_{o1} und T_{o2} zusammen, so läßt sich das Energiespektrum der Primärelektronen durch eine einzige Exponentialfunktion mit dem Spektralparameter $T_{o1} = T_{o2} = T_o$ beschreiben. Ist $T_{o1} \neq T_{o2}$, so muß man das Elektronenspektrum durch wenigstens zwei Exponentialfunktionen beschreiben, die dann oberhalb und unterhalb von $\hat{T}$, das $\hat{E}$ entsprechen wird, Geltung haben.

Obgleich diese Methode unter gewissen vereinfachenden Annahmen abgeleitet wurde, deren weitreichendste die Vernachlässigung der Comptonstreuung ist, glauben wir, daß die so gewonnenen Aussagen nicht nur qualitativ zu bewerten sind, sondern quantitativ richtig sind.

Natürlich interessieren im Zusammenhang mit den Spektren auch die Intensitäten. Deshalb wurde eine Größe ξ berechnet, die definiert ist durch

$$\xi(x, E, E_o) = \frac{J_o(>E)}{J(>E)} \quad , \tag{18}$$

mit der man also den integralen, omnidirektionalen Photonenfluß $J(>E)$ zu multiplizieren hat, um den integralen Photonen-Quell-Fluß zu erhalten. ξ läßt sich für $E > 60$ keV durch

$$\xi = 1,3 \, e^{-0,18x} \qquad (x \leq 15 \text{ g/cm}^2) \qquad (18a)$$

für $5 \leq E_o \leq 100$ keV darstellen. Für $E < 60$ keV nimmt ξ mit abnehmender Energie und zunehmender atmosphärischen Tiefe x rasch zu. In Tab. 3 sind für einige Spektralparameter E_o und einige x für $J(>20)$ und $J(>40)$ die Werte von ξ aufgeführt.

Tabelle 3

Zur Reduktion des gemessenen Photonenflusses auf den Quellfluß

E_o (keV)	x (g/cm^2)	$\xi > 20$	$\xi > 40$
5	5	22	4,9
	10	180	21
10	5	11,2	4,1
	10	55	14
20	5	6,4	3,8
	10	26	12
50	5	4,2	3,3
	10	13,4	9,6

Tabelle 4

Konversionsfaktoren zur Umrechnung von integralen Bremsstrahlungsflüssen (für x = 0) auf integrale Elektronenflüsse für verschiedene Spektralparameter T_o, wenn das primäre Elektronen-Energiespektrum als Exponentialspektrum angesetzt wird.

T_o (keV)	E_{Phot} (keV)	Photon-Elektron Konversionsfaktor
5	20 .... ∞	$2,2 \cdot 10^4$
	40 .... ∞	$8,0 \cdot 10^4$
10	20 .... ∞	$1,3 \cdot 10^4$
	40 .... ∞	$2,3 \cdot 10^4$
	100 .... ∞	$8,6 \cdot 10^4$
20	20 .... ∞	$3,1 \cdot 10^3$
	40 .... ∞	$5,9 \cdot 10^3$
	100 .... ∞	$2,4 \cdot 10^4$
40	20 .... ∞	$9,5 \cdot 10^2$
	40 .... ∞	$1,7 \cdot 10^3$
	100 .... ∞	$4,8 \cdot 10^3$
60	20 .... ∞	$4,3 \cdot 10^2$
	40 .... ∞	$1,0 \cdot 10^3$
	100 .... ∞	$2,2 \cdot 10^3$

Diese Reduktion gilt zunächst für ein von Horizont zu Horizont reichendes Quellgebiet. Handelt es sich um ein räumlich nicht sehr weit ausgedehntes Quellgebiet, so wird durch die angegebene Reduktion der Quellfluß der Photonen unterschätzt. Die dadurch bedingte Korrektur des Quellflusses (für eine atmosphärische Tiefe x = 5 g/cm^2) kann durch einen Faktor $k \leq 3$ berücksichtigt werden. Sie ist weitgehend unabhängig vom Quellspektrum, nimmt aber zu mit der atmosphärischen Tiefe. Da die Lage und Größe des Quellgebietes im allgemeinen nicht bekannt ist, können wir grob sagen, daß die mit den in Tabelle 3 angegebenen Faktoren ausgeführte Reduktion der Intensitäten innerhalb eines Faktors 3 korrekt ist.

Um auch aus dem so errechneten Quellfluß der Photonen quantitativ auf den primären Elektronenfluß zurückschließen zu können, wurden in Tabelle 4 Konversionsfaktoren zur Umrechnung von integralen Bremsstrahlungsflüssen $J_o(>E_i)$ auf integrale Elektronenflüsse $J_e(>T_i)$ berechnet für gemäß (15) angesetzte exponentielle Energiespektren der Primärelektronen. Dies wurde für verschiedene Spektralparameter T_o ausgeführt.

Wie bereits in Abschnitt 3 ausgeführt, wurden in der Rechnung folgende Annahmen zugrunde gelegt:

a) Isotropie des Bremsstrahlungsflusses, so daß also nur etwas weniger als die Hälfte der Photonen Beiträge zur Zählrate des Detektors liefern kann.

b) Elektronen, die aus der Atmosphäre rückgestreut werden, ehe sie die Bremsstrahlung erzeugten, vergrößern den Faktor, mit dem man den gemessenen, auf die Erzeugungsschicht reduzierten Photonenfluß multiplizieren muß, um den Elektronenfluß zu erhalten, der in die Atmosphäre eindringt.

Wir haben deshalb für die gesamte Reduktion einen Faktor 2 angenommen, der beide Effekte berücksichtigen soll.

Der Vollständigkeit halber werden in Tabelle 5 von ANDERSON [2] berechnete Konversionsfaktoren wiedergegeben, die für Potenzspektren der Primärelektronen gelten. Sie sind unter sonst gleichen Voraussetzungen gewonnen worden.

Tabelle 5

Konversionsfaktoren zur Umrechnung von integralen Bremsstrahlungs-Flüssen (für $x = 0$ g/cm^2) auf integrale Elektronenflüsse für verschiedene Exponenten γ, wenn das primäre Elektronen-Energiespektrum als Potenzspektrum angesetzt wird. (Entnommen: ANDERSON [2])

γ	E_{Phot} (keV)	Photon-Elektron Konversionsfaktor
5	30 .... ∞	$1,5 \cdot 10^4$
	60 .... ∞	$1,2 \cdot 10^4$
7	30 .... ∞	$2 \cdot 10^4$
	60 .... ∞	$1,5 \cdot 10^4$

Diese Reduktion des Bremsstrahlungsflusses auf das Primärelektronenspektrum sollte verhältnismäßig genau sein und die wahren Verhältnisse mit einer Genauigkeit von etwa 50% wiedergeben. Berücksichtigt man noch die in der Reduktion auf das Quellspektrum enthaltene Unsicherheit (vgl. oben), so können wir schließlich die Genauigkeit, mit der der primäre Elektronenfluß aus Messungen der Elektronenbremsstrahlung mit Detektoren in Ballonhöhe (um 5 g/cm^2) bestimmt werden kann, angeben: Sie sollte unterhalb eines Faktors 4 bis 5 liegen, auch wenn die Ausdehnung und Lage des Quellgebietes bezüglich des Detektors unbekannt ist.

4. Reduktion des mit Ionisationskammer und Zählrohr gemessenen Photonenflusses auf einen monoenergetischen Elektronenfluß unter näherungsweiser Berücksichtigung der Comptonstreuung.

Wir betrachten zunächst wie in Abschnitt 2 n_o Photonen/cm^{2}sec, die mit der Energie E in einer von Horizont zu Horizont reichenden Schicht emittiert werden. Von n_o Photonen erreichen den Detektor hinter einem Absorber der Dicke R noch n_1 Photonen (vgl. Abb. 4)

$$n_1 = n_o \, e^{-\mu_a R} \tag{19}$$

(μ_a Massenabsorptionskoeffizient). $(1-e^{-\mu_s R})$ ist die Wahrscheinlichkeit, daß ein Photon der Energie E in einem Comptonstoß unter Energieverlust gestreut wird, wenn μ_s der Streukoeffizient bei der Energie E ist. Ein gestreutes Photon kann erneut gestreut oder absorbiert werden. Da die mittlere Stoßweglänge von der Größenordnung der Entfernung des Detektors von der Erzeugungsschicht ist, wollen wir näherungsweise annehmen, daß weitere Streuprozesse außer Acht gelassen werden können und im übrigen nur Vorwärtsstreuung berücksichtigen. Da die Energieverluste bei Rückwärtsstreuung nach (16) größer sind, ist die Wahrscheinlichkeit, daß solche Quanten nicht mehr zum Detektor gelangen, groß. Die mittlere Energie E' der im Comptonstoß gestreuten Photonen ist durch (1c) gegeben. Wir können also summarisch die Zahl n_2 der gestreuten Photonen mit der mittleren Energie E' angeben zu

$$n_2 = n_o \, e^{-\mu_o' R} (1 - e^{-\mu_s R}) \tag{20}$$

(μ_o' Massenschwächungskoeffizient)*) bei der Energie E').

Ist die Empfindlichkeit des Detektors für Photonen der Energie E: $\epsilon(E)$, so gilt für die Zählrate ΔN eines Detektors wie in (5)

$$\Delta N(E,x) = \frac{n_o}{4\pi} \cdot 2\pi F^* \left\{ \epsilon(E) \int_0^{\pi/2} e^{-\mu_a x \sec \vartheta} \sin \vartheta \, d\vartheta + \right.$$
$$\left. + \epsilon(E') \int e^{-\mu_o' x \sec \vartheta} (1 - e^{-\mu_s x \sec \vartheta}) \sin \vartheta \, d\vartheta \right\} . \tag{21}$$

Die Integration läßt sich wie in Gl. (6) ausführen und liefert

$$\Delta N(E,x) = \frac{n_o \cdot F^*}{2\pi} \left\{ \epsilon \, \mathcal{E}_1(\mu_a x) + \epsilon' [\mathcal{E}_1(\mu_o' x) - \mathcal{E}_1(\mu^* x)] \right\} , \tag{22}$$

wo $\mathcal{E}_1$ in Gleichung (7) definiert ist und $\mu^* = \mu_o' + \mu_s$ ist.

Wir wollen für diese Untersuchung von einer relativistischen Näherung ausgehen. Sie entspricht einer von ANDERSON und ENEMARK [1] angewandten, von der ANDERSON [2] zeigen konnte, daß sie von dem in Abschnitt 3 beschriebenen Verfahren nur geringfügig abweicht.

Wir wählen als Wirkungsquerschnitt für Bremsstrahlung:

$$\frac{d\sigma(E)}{dE} = \begin{cases} \dfrac{k}{E} & E < T \\ 0 & E > T \end{cases} \tag{23}$$

---

*) Hier wird der Schwächungskoeffizient angesetzt, da wir annehmen, daß sekundäre Streuprozesse ausser Betracht bleiben können ($\mu_o = \mu_a + \mu_s$).

und betrachten den spezifischen Energieverlust als konstant

$$\frac{dT}{dx} = \text{const} . \qquad (24)$$

In diesem Fall ergibt sich für K(E, T) in (11)

$$K(E, T) = \frac{T - E}{E} \qquad (25)$$

und schließlich also für einen primären monoenergetischen Elektronenfluß (Energie T), wenn man für die Konstante k den von KIRKPATRICK [11] angegebenen Zahlenwert einsetzt die Zählrate des Detektors zu

$$N(T, x) = 5,05 \cdot 10^{-3} J_0 \int_{E=E_{min}}^{E=T} \frac{N(E, x)}{n_0} \frac{T - E}{E} dE \qquad (26)$$

Die Integration wurde für eine Ionisationskammer und ein Aluminium-Zählrohr mit vertikaler Achse graphisch ausgeführt für $x = 10$ g/cm². Die Empfindlichkeiten der Detektoren wurden vom Verfasser [10] berechnet. Das Ergebnis zeigt Abb. 15. E_{min} wurde mit 20 keV angesetzt, da Photonen mit niedrigeren Energien praktisch nichts mehr zur Zählrate beitragen.

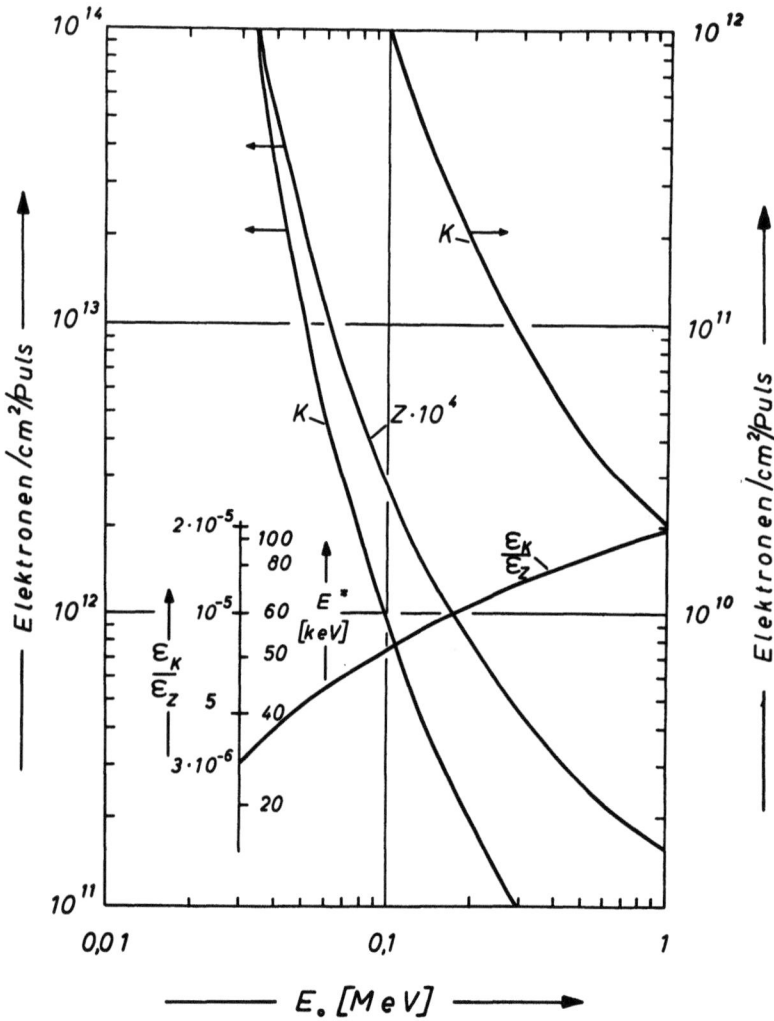

Bildet man aus den nach (26) bestimmten Zählraten N_K der Ionisationskammer und N_Z des Zählrohres das Verhältnis N_K/N_Z und rechnet nach der Beziehung

$$N = \varepsilon J_0 G \qquad (27)$$

mit den bekannten Geometriefaktoren auf das Verhältnis $\varepsilon_K/\varepsilon_Z$ um, ignoriert man also das vorliegende Photonenspektrum, das man ja nicht kennt, so kann man dem so gefundenen Wert von $\varepsilon_K/\varepsilon_Z$ eine "mittlere Photonenenergie" E^* zuordnen (vgl. Abb. 8 in [10]). Dies ist für verschiedene Elektronenenergien T gemacht worden. Das Ergebnis zeigt ebenfalls Abb. 15.

Abb. 15: Zur Abschätzung des primären Elektronenflusses, wenn in 10 g/cm² atmosphärischer Tiefe Röntgenstrahlung nachgewiesen wird, unter der Voraussetzung monoenergetischer Elektronen der Energie E_0. Mit eingezeichnet ist das Verhältnis der Empfindlichkeiten $\varepsilon_K/\varepsilon_Z$ von Ionisationskammer und Zählrohr sowie die zugehörige mittlere Energie E^* [10].

Man wird also aus den gemessenen Zählraten der beiden Detektoren zunächst mit den bekannten Geometriefaktoren (für isotrope Richtungsverteilung der Strahlung) auf ϵ_K / ϵ_Z umrechnen und in Abb. 15 die zugehörige Energie T der Primärelektronen ermitteln. Die Ordinatenwerte der über der Energie T abgelesenen Kurven K und Z geben schließlich, multipliziert mit der Zählrate des betreffenden Detektors, den äquivalenten primären Elektronenfluß an.

Wir sehen als Resultat dieser Rechnung die Möglichkeit an, den primären Elektronenfluß größenordnungsmäßig abzuschätzen, obgleich die Rechnung nur für monoenergetische Elektronen durchgeführt wurde. Die Elektronenenergie T wäre im Falle eines primären Spektrums f(T)dT als eine Art mittlere Energie $\overline{T}$ anzusehen.

5. Röntgenstrahlungsmessungen mit zwei Zählrohren
(Aluminium- und Wismut-Kathode)

Eine Information über spektrale Eigenschaften eines Röntgenstrahlungsausbruches läßt sich auch aus Zählrohrmessungen gewinnen, wenn man zur Messung Zählrohre verwendet, deren Empfindlichkeiten in verschiedener Weise von Energie abhängen. Das ist z.B. für Zählrohre der Fall, deren Kathode aus Aluminium und aus Wismut bestehen.

Der Verfasser hat eine solche Zählrohr-Kombination, wie sie ähnlich bereits früher von BROWN[3] benutzt worden ist, zu solchen Messungen entwickelt [9]. Das Gerät wird gegenwärtig von SPARMO (Solar Particle and Radiation Monitoring Organisation) als Standarddedektor für Routineflüge verwendet.

Hier soll ähnlich wie in Abschnitt 2 ein Hilfsparameter abgeleitet werden, der mit dem Spektralparameter E_o des Quellspektrums (s.o.) verknüpft ist. Zu diesem Zwecke wurden die Funktionen

$$N_i(E_o, x) = k \int_{E=0}^{\infty} \epsilon_i(E) e^{-E/E_o} \mathcal{E}_1[\mu(E)x] \, dE \qquad (28)$$

graphisch integriert (i = 1 (Al), i = 2 (Bi)).

Die Funktionen $dN_i(E, E_o, x)/dE$ sind in Abb. 16 für das Aluminium-, in Abb. 17 für das Wismut-Zählrohr gezeigt. Als Hilfsparameter wurde schließlich die Funktion $\eta(E_o, x)$

$$\eta(E_o, x) = \frac{N_{Bi}}{N_{Al}} \qquad (29)$$

definiert. Abb. 18 zeigt den Verlauf von η in Funktion von E_o für verschiedene x.

Abb. 19 schließlich zeigt die Abhängigkeit der Zählrohrempfindlichkeiten von der Photonen-Energie. Diese Werte wurden in (25) benutzt. In Abb. 19 ist außerdem die Funktion

$$\eta^*(E) = \frac{\epsilon_{Bi}}{\epsilon_{Al}} \qquad (30)$$

mit eingetragen. ϵ_{Al} wurde berechnet [10]; $\eta^*(E)$ wurde experimentell mit verschiedenen radioaktiven Präparat bestimmt [19] und nach Herstellerdaten (Victoren 1 B 85 (Al) und 6306 (Bi) Zählrohre) ergänzt. Aus η^* und ϵ_{Al} wurde endlich ϵ_{Bi} ermittelt.

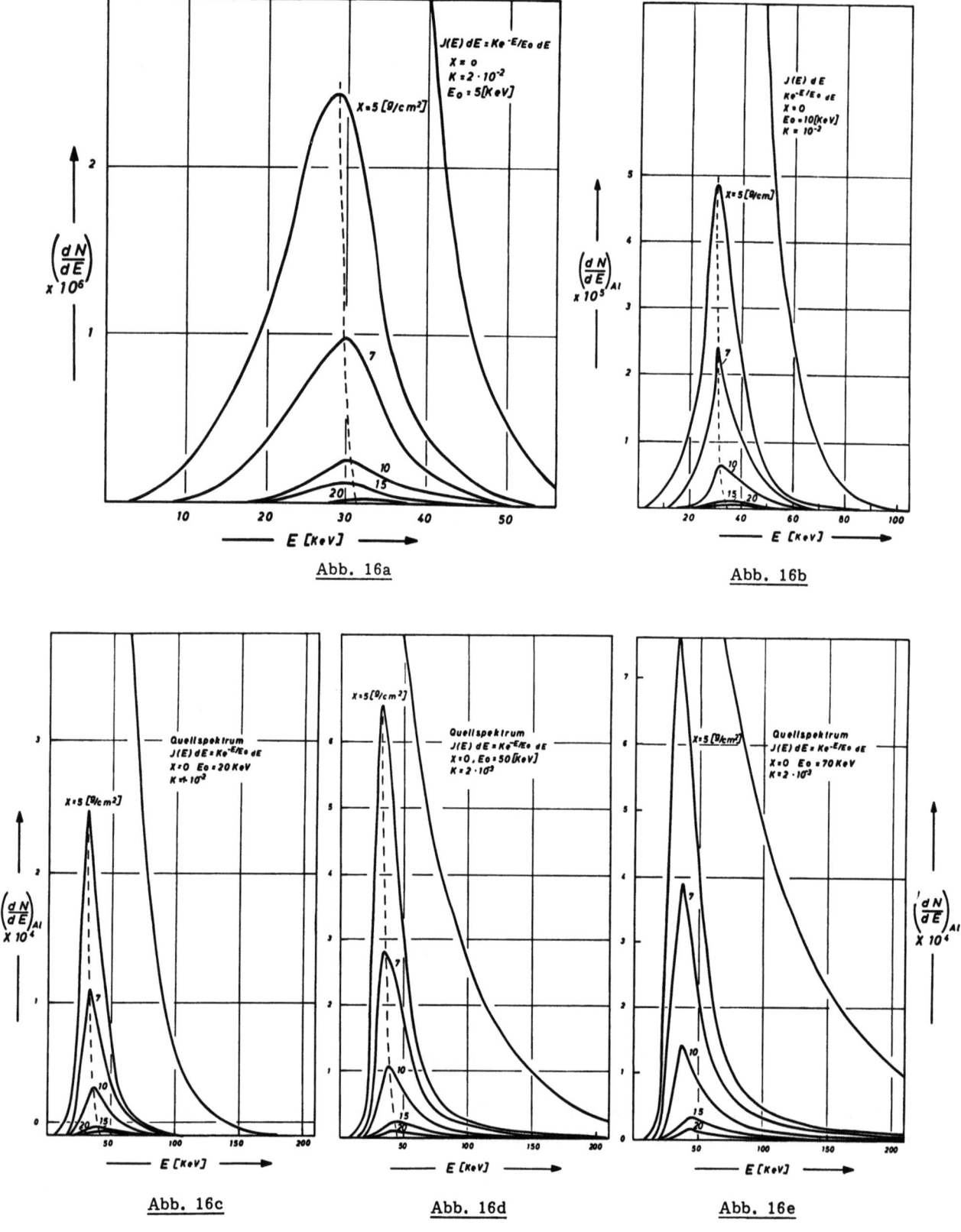

Abb. 16: Mit der Zählrohrempfindlichkeit ε (Abb. 19) aus Abb. 5 abgeleitete differentielle Beiträge zur Zählrate des Aluminium-Zählrohrs für verschiedene Quellspektren in verschiedenen atmosphärischen Tiefen x.

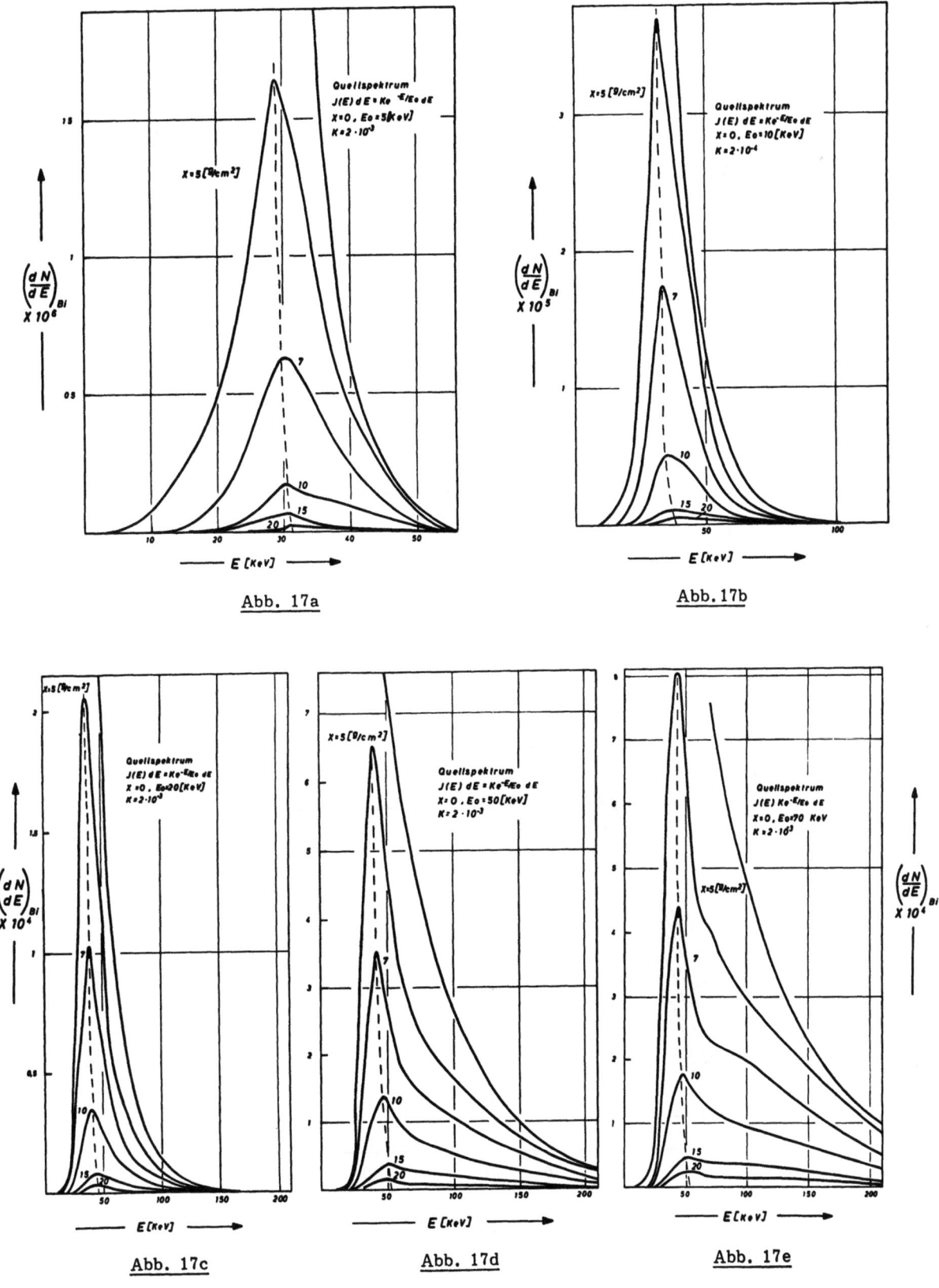

Abb. 17: Wie Abb. 16. Für Zählrohre mit Bi-Kathode.

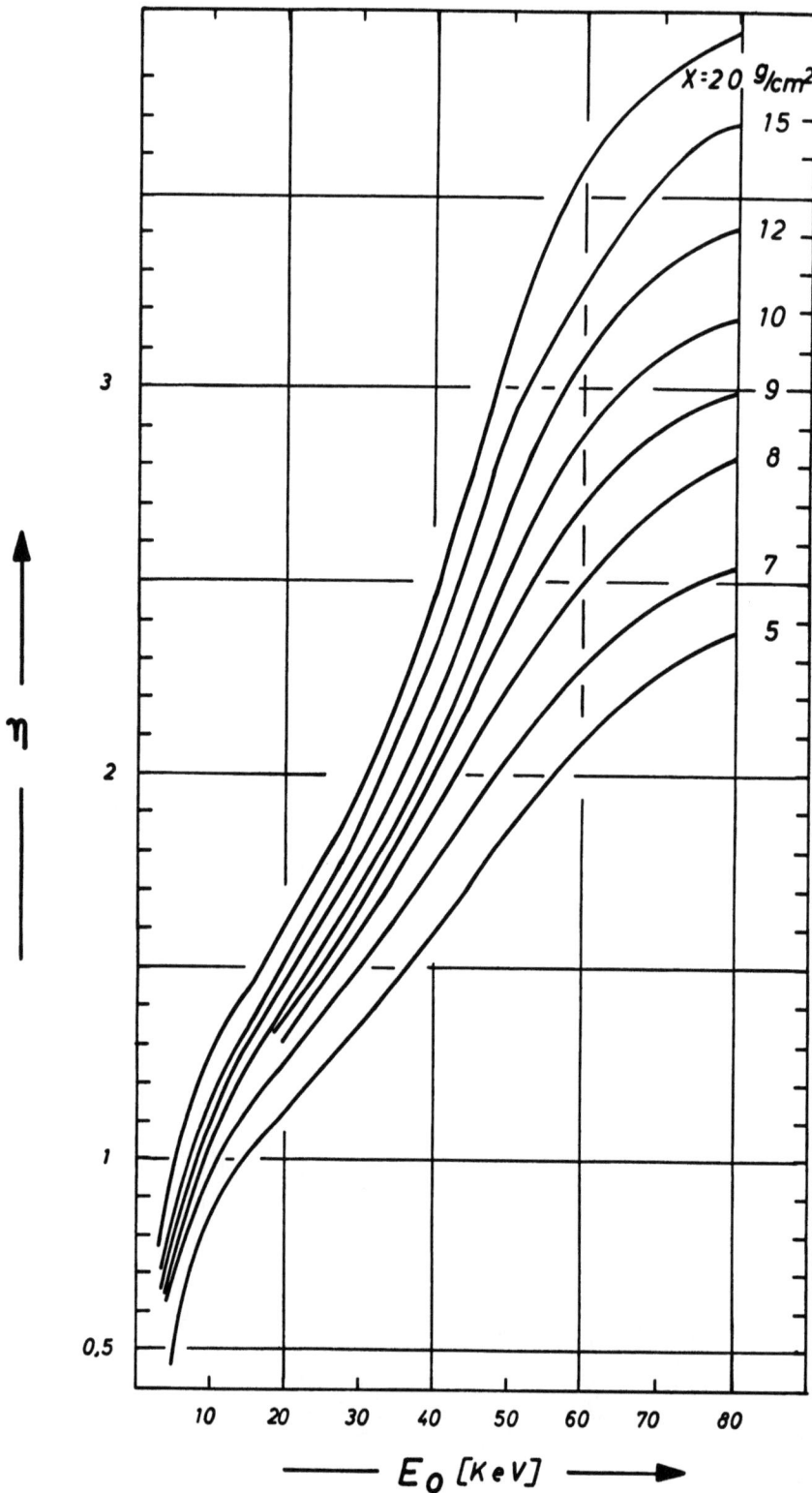

Abb. 18: Verhältnis η der Zählraten von Wismut- und Aluminium-Zählrohr für verschiedene exponentielle Quellspektren in verschiedenen atmosphärischen Tiefen x.

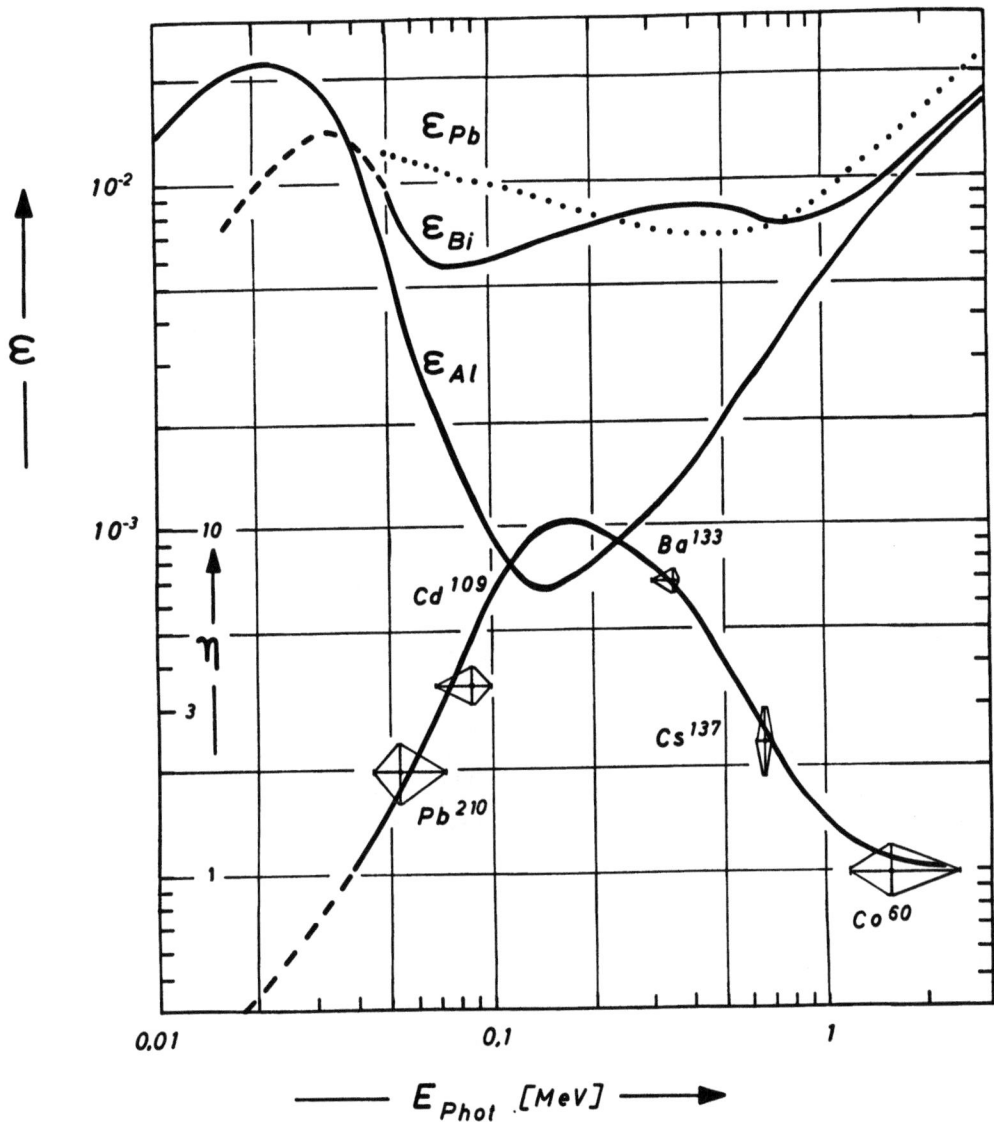

Abb. 19: Empfindlichkeiten ε von Zählrohren mit Wismut- und Aluminium-Kathode für Röntgenstrahlung in Abhängigkeit von der Photonen-Energie. Zum Vergleich ist die Empfindlichkeit eines Zählrohres mit Blei-Kathode nach BRADT et al. (Helv. Physica Acta 19, 77, 1946) eingezeichnet. Im unteren Teil des Bildes ist das Verhältnis η der Empfindlichkeiten des Wismut- und Aluminium-Zählrohrs eingezeichnet.

Abb. 20 vermittelt schließlich einen Eindruck vom Zusammenhang des Quellspektrums mit der aus dem Zählratenverhältnis η (Abb. 19) abgelesenen mittleren Energie E^*. Hierzu wurde für den aus (29) bestimmten Wert von η (Abb. 18) die aus (30) für $\eta = \eta^*$ abgelesene Energie $E = E^*$ gegen den Spektralparameter E_o aufgetragen. Man sieht, daß sich das Zählratenverhältnis in den betrachteten Energieintervallen sehr gut zur Reduktion auf ein Quellspektrum benutzen läßt.

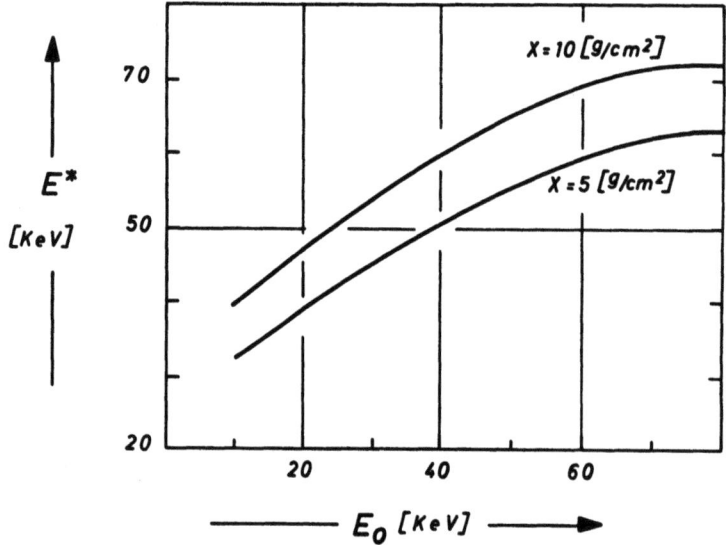

Abb. 20: Zusammenhang der aus dem Zählratenverhältnis η von Zählrohren abgeleiteteten mittleren Energie E^* der Röntgenstrahlung, wenn ein exponentielles Energiespektrum der Photonen im Quellgebiet angenommen wird, mit dem Spektralparameter E_o des Quellspektrums (vgl. Text).

Die prinzipielle Schwierigkeit einer Interpretation spektraler Effekte wird in Abb. 21 erneut deutlich. Dort ist, ähnlich wie in Abb. 9 für Szintillationszähler, die Auswirkung der räumlichen Bewegung eines kleinen leuchtenden Gebietes auf η abgeschätzt worden (21a). Für verschiedene Spektralparameter E_o wurde in Abb. 21b in Abhängigkeit von ϑ die aus (30) abgelesene Energie E^* bestimmt.

Auch hier ist darauf hinzuweisen, daß Bewegungen der leuchtenden Schicht zugleich Intensitätsänderungen hervorbringen müßten, und zwar müßte man für $x = 5$ g/cm^2 und ein E_o von 10 keV eine Änderung um einen Faktor 8, für $E_o = 50$ keV um einen Faktor 5, für $x = 10$ g/cm^2 entsprechend um Faktoren 12 bzw. 9 erwarten.

Abb. 21a: Verhältnis η der Zählraten eines Wismut- und eines Aluminium-Zählrohres für verschiedene Spektren (E_o) punktförmiger Quellgebiete, wenn die Messung unter verschiedenen Zenitwinkeln ϑ in verschiedenen atmosphärischen Tiefen x ausgeführt wird.

Abb. 21b: Die aus Abb. 19 für monoenergetische Photonen ermittelte Energie E^*, die sich aus einem in verschiedenen atmosphärischen Tiefen gemessenen Wert von η ergibt, wenn das Quellspektrum der Photonen Exponentialform hatte (Spektralparameter E_o).

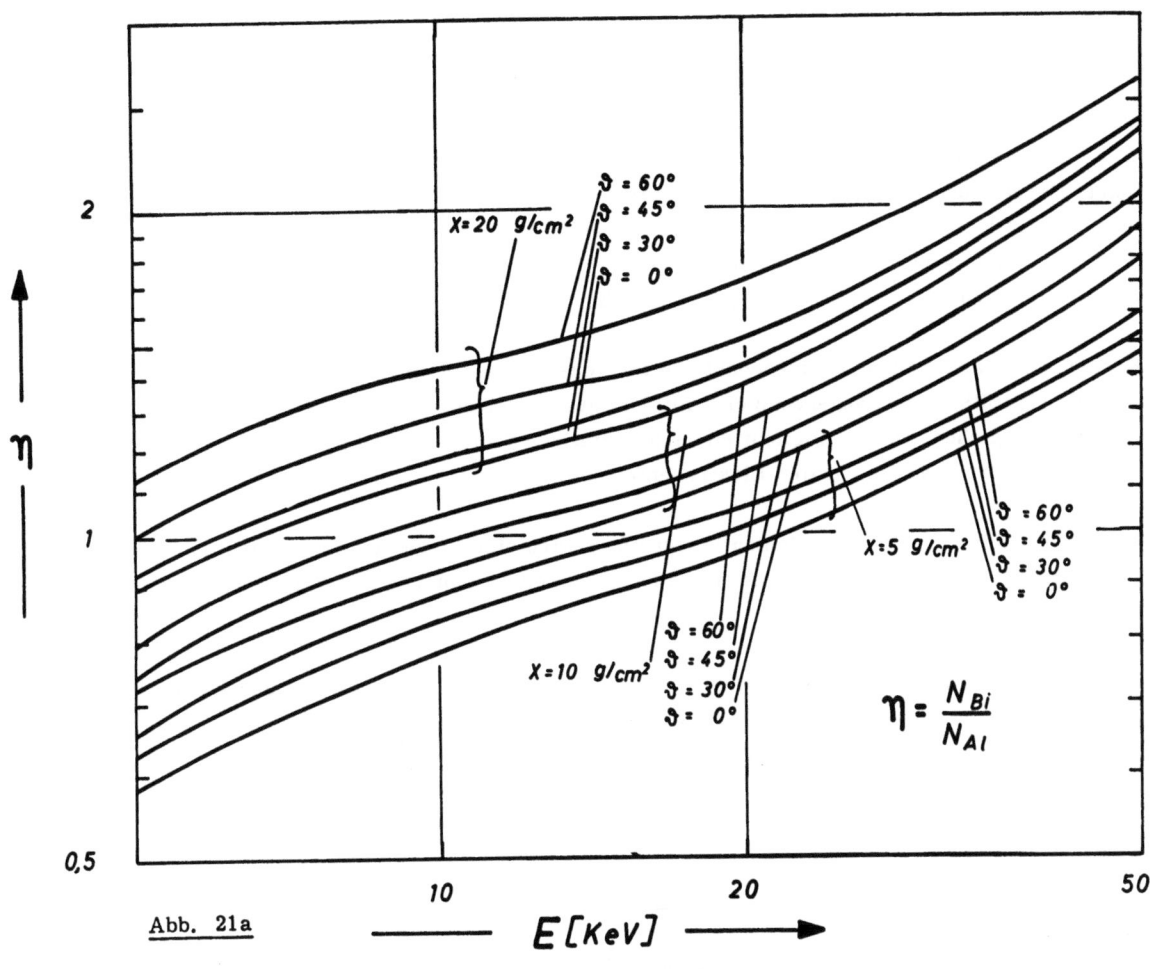

Abb. 21a

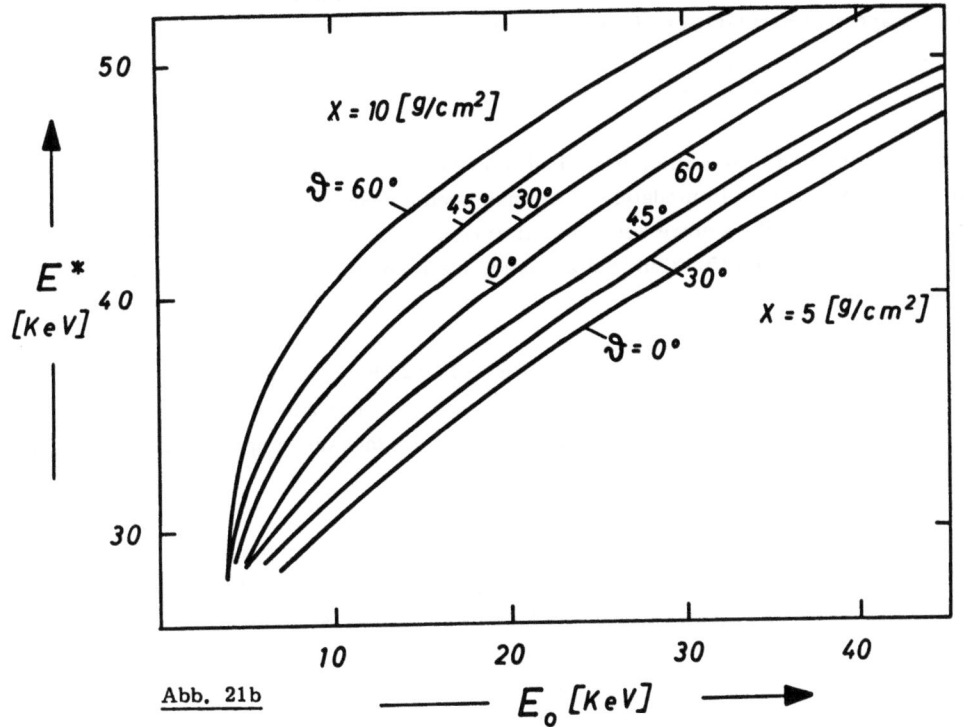

Abb. 21b

Zusammenfassung

Um die Interpretation von Röntgenstrahlungsmessungen in der Nordlichtzone mit Ballongeräten zu vereinfachen, insbesondere um eine rationelle Bearbeitung der vielen anfallenden Meßwerte zu ermöglichen, werden die Quotienten aus den integralen Zählraten eines Szintillationszählers als Hilfsparameter eingeführt. Deren Zusammenhang mit angenommenen exponentiellen Energieverteilungen des Bremsstrahlungsflusses in der Erzeugungsschicht ("Quellspektrum") wird für verschiedene atmosphärische Tiefen untersucht. Gewisse vereinfachende Annahmen, unter denen die Rechnungen durchgeführt wurden, werden diskutiert und in ihren Auswirkungen eingeschätzt.

Ferner wird das Bremsstrahlungsspektrum für verschiedene Energieverteilungen der Primärelektronen (nach ANDERSON [2]) angegeben und mit dem aus den Messungen ermittelten "Quellspektrum" der Photonen verglichen. Das ermöglicht einen quantitativen Schluß auf das Primärelektronenspektrum, sowie eine Abschätzung des integralen Elektronenflusses.

Für die Kombination Zählrohr-Ionisationskammer wird eine Reduktion der Zählraten auf einen Fluß monoenergetischer Elektronen einer mittleren Energie unter vereinfachter Berücksichtigung der Comptonstreuung vorgenommen.

Schließlich wird noch eine Kombination von zwei Zählrohren mit Aluminium- und Wismuth-Kathoden untersucht. Aus solchen Messungen kann man ebenfalls auf ein Quellspektrum der Photonen schließen und mithin auf das Primärelektronenspektrum.

Summary

Measurements of auroral zone X-rays by balloon-borne detectors may provide interesting informations on time structures of electron precipitation, on spatial extensions (by simultaneous flights from different locations) as well as spectral pecularities of those events. Since the measurements are usually performed in atmospheric depths of several g/cm^2, the reduction of the measured X-ray energy spectrum to the energy spectrum of the primary electron spectrum involves several uncertainties.

It is the aim of this paper to derive a simple method in order to get spectral information on the source spectrum from the measurements immediately. This has been approached by reducing first the measured energy spectrum of X-rays to the source spectrum at zero absorber thickness neglecting Compton scattering. The influence of this simplification is discussed, the frame of validity described, and an estimate on probable errors is given.

Secondly, bremsstrahlung spectra as derived by ANDERSON [2] have been calculated for exponential type electron spectra. A comparison of the calculated bremsstrahlung spectrum with the measured (and reduced) bremsstrahlung spectrum allows an approximation of the measured spectrum in terms of different electron spectra represented by different folding energies.

This has been especially done for scintillation counters with discriminator biases equivalent to 20, 40 and 100 keV. A combination of a single Geiger counter and an ionization chamber has also been investigated; here Compton scattering is included into the calculations to a certain extend. At least conclusions drawn from measurements, which have been performed by Geiger counters of different cathode materials (Al and Bi), are discussed. A reduction to a mean exponential energy spectrum at zero atmospheric depth is given.

Anhang

Der effektive Raumwinkel, aus dem man während eines Röntgenstrahlungsausbruchs die Hauptintensität zu erwarten hat, ist für verschiedene Abschätzungen von Interesse. Wir wollen diesen Raumwinkel gemäß

$$\bar{\omega}(x, E) = \frac{\int J(x, \vartheta) d\omega}{J_V(x)} \qquad (31)$$

definieren, wo $J_V(x) = J_V(x, o) = J_o e^{-\mu x}$ die Vertikalintensität ist, und mit der Intensität, die bei von Horizont zu Horizont reichendem Quellgebiet aus einer gegen die Vertikale um den Winkel ϑ geneigten Richtung erscheint, durch (6b) verknüpft ist.

In Abb. 22 ist $\bar{\omega}$ als Funktion der Photonen-Energie E für verschieden atmosphärische Tiefen x, in Abb. 23 ω gemäß (32)

$$\omega = 2\pi (1 - \cos\vartheta) \qquad (32)$$

als Funktion des dem Raumwinkel zuzuordnenden Zentiwinkels ϑ gezeichnet.

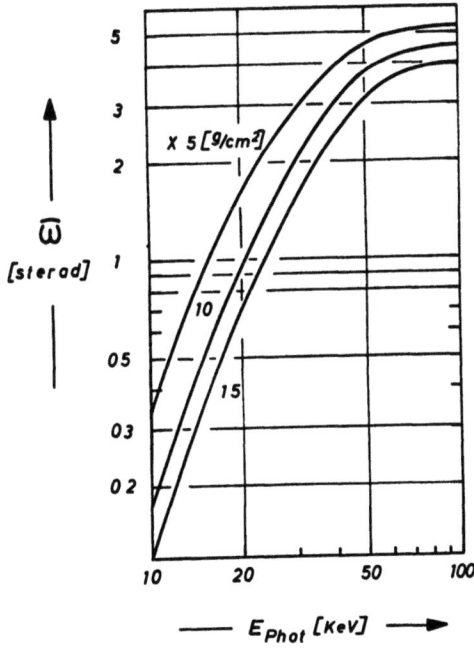

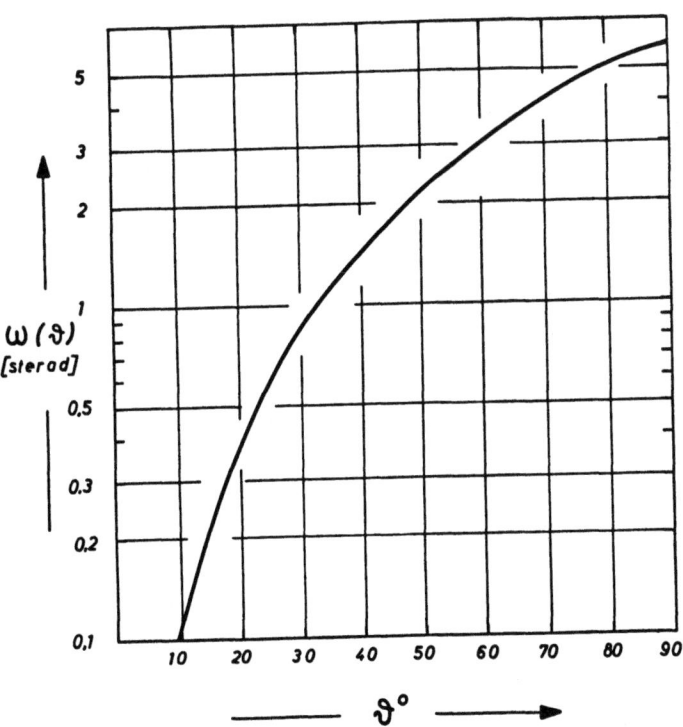

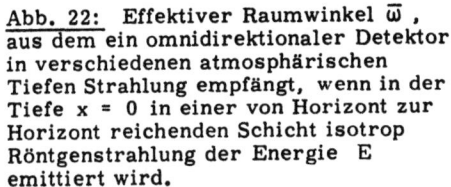

Abb. 22: Effektiver Raumwinkel $\bar{\omega}$, aus dem ein omnidirektionaler Detektor in verschiedenen atmosphärischen Tiefen Strahlung empfängt, wenn in der Tiefe x = 0 in einer von Horizont zur Horizont reichenden Schicht isotrop Röntgenstrahlung der Energie E emittiert wird.

Abb. 23: Von einem Halbwinkel ϑ^o aufgespannter Raumwinkel ω in Steradian.

Der Verfasser ist den Herren Dr. G. PFOTZER und Dr. G. KREMSER für zahlreiche hilfreiche Diskussionen und Anregungen sehr zu Dank verpflichtet.

Literaturverzeichnis

[1] ANDERSON, K.A., D.E. ENEMARK

Balloon observations of X-rays in the auroral zone II. J. Geophys. Res. 65, 3521-3538 (1960)

[2] ANDERSON, K.A.

A review of balloon measurements of X-rays in the auroral zone. University of California Report UCB - 64/4

[3] BETHE, H., J. ASHKIN

Passage of radiation through matter. Experimental Nuclear Physics, edited by E. SEGRÉ, John Wiley, New York (1953)

[4] BROWN, R.R.

Balloon observations of auroral zone X-rays. J. Geophys. Res. 66, 1379 (1961)

[5] DAVIS, L.R., O.E. BERG, L.H. MEREDITH

Direct measurements of particle fluxes in and near auroras. Space Research I, Nizza Conference, p. 721 (1960)

[6] EVANS, R.D.

The atomic nucleus. McGraw Hill, New York (1955)

[7] GREENE, J.

Bremsstrahlung from a Maxwellian gas. Astrophys. J. 130, 693 (1959)

[8] HALLIDAY, D.

Introductory nuclear physics. New York, p. 152 (1950)

[9] KEPPLER, E.

Description and instruction manual for the detektor SPARMO 64. SPARMO-Bulletin, October 1964

[10] KEPPLER, E.

Über die Eigenschaften von Zählrohren und Ionisationskammern in verschiedenenartigen Strahlungsfeldern. Mitt. Max-Planck-Institut für Aeronomie, Lindau/Harz, Nr. 20, Springer-Verlag (1965)

[11] KIRKPATRICK, P.

Theory of continuous X-ray spectra from thick targets. Phys. Rev. 70, 446 B (1946)

[12] KREMSER, G.

Über den Zusammenhang zwischen Röntgenstrahlungs-Ausbrüchen in der Polarlichtzone und bayartigen erdmagnetischen Störungen. Mitt. Max-Planck-Institut für Aeronomie, Lindau/Harz, Nr. 14, Springer-Verlag (1964)

[13] McDIARMID, J.B., D.C. ROSE, E. BUDZINSK

Direct measurements of charged particles assosiated with auroral zone radio absorption. Can. J. Physics 39, 1888 (1961)

[14] McILWAIN, C.E.

Direct measurements of particles producing visible auroras. J. Geophys. Res. 65, 2727 (1960)

[15] MEREDITH, L.H., M.B. GOTTLIEB, J.A. VAN ALLEN

Direct detection of soft radiation above 50 kms in the auroral zone. Phys. Rev. 97, 201 (1955)

[16] O'BRIEN, B.J.

High latitude geophysical studies with satellite Injun 3, Part 3. J. Geophys. Res. 69, 13-43 (1964)

[17] PETERSON, L.E.

Positron-Electron ratio of precipitating electrons. J. Geophys. Res. 69, 3141 (1964)

[18] PFOTZER, G.

Balloon measurements of solar protons and auroral X-rays. "High Latitude Particles and the Ionosphere", Logos-Press, London, p. 167 (1965)

[19] RICHTER, K.

Ein Zählrohrgerät zur Messung der kosmischen Strahlung in großen Höhen. Diplomarbeit, Max-Planck-Institut für Aeronomie, Lindau/Harz (1965)

[20] RIEDLER, W. Spectral and angular distribution of electrons measured during an auroral event. Arkiv för Geofysik, (to be published) (1965)

[21] SCHIFF, L.I. Energy-angle distribution of betatron target radiation. Phys. Rev. 70, 87 (1946)

[22] WAIBEL, E. Eine Ballonsonde zur Messung von Röntgenstrahlung und solarer Ultrastrahlung. Mitt. Max-Planck-Institut für Aeronomie, Lindau/Harz, Nr. 10, Springer-Verlag (1963)

[23] WINCKLER, J.R., P.D. BHAVSAR, K.A. ANDERSON

A study of the precipitation of energetic electrons from the geomagnetic field during geomagnetic storms. J. Geophys. Res. 67, 3717 (1962)

**Verzeichnis der Mitteilungen aus dem Max-Planck-Institut
für Physik der Stratosphäre**

Nr. 1/1953   Über den Beitrag der von μ-Mesonen angestoßenen Elektronen zu den Ultrastrahlungsschauern unter Blei. G. Pfotzer

Nr. 2/1954   Ein Zählrohrkoinzidenzgerät zur Registrierung der kosmischen Ultrastrahlung. A. Ehmert

Eine einfache Methode zur Einstellung und Fixierung des Expansionsverhältnisses von Webelkammern. G. Pfotzer

Nr. 3/1954   Optische Interferenzen an dünnen, bei -190°C kondensierten Eisschichten. Erich Regener (vergriffen)

Nr. 4/1955   Über die Messung der Temperatur des atmosphärischen Ozons mit Hilfe der Huggins-Banden. H. Zschörner und H. K. Paetzold

Nr. 5/1956   Ein neuer Ausbruch solarer Ultrastrahlung am 23. Februar 1956. A. Ehmert und G. Pfotzer, vergriffen (erschienen Z. Naturforschung 11a, 322, 1956)

Nr. 6/1956   Das Abklingen der solaren Ultrastrahlung beim Ausbruch am 23. Februar 1956 und die geomagnetischen Einfallsbedingungen. A. Ehmert und G. Pfotzer

Nr. 7/1956   Die Impulsverteilung der solaren Ultrastrahlung in der Abklingphase des Strahlungseinbruches am 23. Februar 1956. G. Pfotzer

Nr. 8/1956   Die atmosphärischen Störungen und ihre Anwendung zur Untersuchung der unteren Ionosphäre. K. Revellio

Nr. 9/1956   Solare Ultrastrahlung als Sonde für das Magnetfeld der Erde in großer Entfernung. G. Pfotzer

*

Die vorstehenden Hefte können beim Max-Planck-Institut für Aeronomie,
3411 Lindau angefordert werden.

Mitteilungen aus dem Max-Planck-Institut für Aeronomie

Nr. 1 (S) Waibel: Messungen von Primärteilchen der kosmischen Strahlung.

Nr. 2 (S) Erbe: Auswirkung der Variationen der primären kosmischen Strahlung auf die Mesonen- und Nukleonenkomponente am Erdboden.

Nr. 3 (I) Kohl: Bewegung der F-Schicht der Ionosphäre bei erdmagnetischen Bai-Störungen.

Nr. 4 (I) Becker: Tables of ordinary and extraordinary refractive indices, group refractive indices and $h'_{o,x}(f)$-curves or standard ionospheric layer models.

Nr. 5 (S) Schröpl: Über eine Neubestimmung des Absorptionskoeffizienten von Ozon im Ultraviolett bei kleinen Konzentrationen.

Nr. 6 (S) Erbe: Ergebnisse der Ballonaufstiege zur Messung der kosmischen Strahlung in Weissenau und Lindau.

Nr. 7 (S) Meyer: Elektromagnetische Induktion eines vertikalen magnetischen Dipols über einem leitenden homogenen Halbraum.

Nr. 8 (I u. S) Dieminger und Mitarb.: Die geophysikalischen Ereignisse des 12. - 14. November 1960.

Nr. 9 (S) Pfotzer, Ehmert, and Keppler: Time Pattern of Ionizing Radiation in Balloon Altitudes in High Latitudes. Part A, Text; Part B, Figures and Diagrams.

Nr. 10 (S) Waibel: Eine Ballonsonde zur Messung von Röntgenstrahlung und solarer Ultrastrahlung.

Nr. 11 (S) Voelker: Zur Breitenabhängigkeit erdmagnetischer Pulsationen.

Nr. 12 (S) Jaeschke: Registrierung von Pulsationen im südlichen Niedersachsen als Beitrag zur erdmagnetischen Tiefensondierung.

Nr. 13 (S) Meyer: Elektromagnetische Induktion in einem leitenden homogenen Zylinder durch äußere magnetische und elektrische Wechselfelder.

Nr. 14 (S) Kremser: Über den Zusammenhang zwischen Röntgenstrahlungs-Ausbrüchen in der Polarlichtzone und bayartigen erdmagnetischen Störungen.

Nr. 15 (S) Keppler: Messung von Röntgenstrahlung und solaren Protonen mit Ballongeräten in der Nordlichtzone.

Nr. 16 (S) Kirsch: Die Anisotropien der kosmischen Strahlung.

Nr. 17 (S) Guilino: Ausbau eines Wechsellichtmonochromators und seine Anwendung zur Messung des Luftleuchtens während der Dämmerung und in der Nacht.

Nr. 18 (S) Pfotzer and Ehmert: Measurements of High Energetic Auroral Radiations with Balloon-Borne Detectors in 1962 and 1963 Part A to C, Text; Part D, Figures and Diagrams.

Nr. 19 (I) Hartmann: Bestimmung wichtiger Satellitenpositionen mit Hilfe graphischer Darstellungen.

If you have any concerns about our products,
you can contact us on
ProductSafety@springernature.com

In case Publisher is established outside the EU,
the EU authorized representative is:
Springer Nature Customer Service Center GmbH
Europaplatz 3, 69115 Heidelberg, Germany

Printed by Libri Plureos GmbH
in Hamburg, Germany